"十四五"职业教育国家规划教材

国家级精品课程配套教材

特种加工技术

（第四版）

周旭光　郭晓霞　李　迎　李玉炜　编著

U0169957

西安电子科技大学出版社

内 容 简 介

本书共 7 章，内容包括机械模具加工中常用的电火花加工、电化学加工、超声波加工、激光加工等特种加工技术，重点介绍了电火花加工和电火花线切割加工的基本原理、一般加工工艺规律、加工工艺及实例。本书兼顾特种加工理论和具体加工工艺，以实例形式讲述了电火花加工机床的定位、装夹，工艺参数的选择等操作技巧、要点及编程方法。本书实用性强，图文并茂，且配有较多的具体加工实例。

本书适合作为高职高专院校模具、机械、数控技术应用等专业的教材及电火花、线切割机床操作工的职业培训用书，也可供模具制造等行业的专业人员参考。

图书在版编目(CIP)数据

特种加工技术 / 周旭光等编著. —4 版. —西安：西安电子科技大学出版社，2022.2
(2024.8 重印)

ISBN 978-7-5606-6328-9

Ⅰ. ①特…　Ⅱ. ①周…　Ⅲ. ①特种加工—高等学校—教材　Ⅳ. ①TG66

中国版本图书馆 CIP 数据核字（2021）第 258922 号

策　　划　马乐惠
责任编辑　马晓娟
出版发行　西安电子科技大学出版社(西安市太白南路 2 号)
电　　话　(029)88202421　88201467　　邮　　编　710071
网　　址　www.xduph.com　　　　　　电子邮箱　xdupfxb001@163.com
经　　销　新华书店
印　　刷　陕西日报印务有限公司
版　　次　2022 年 2 月第 4 版　2024 年 8 月第 8 次印刷
开　　本　787 毫米×1092 毫米　1/16　印张　10
字　　数　231 千字
定　　价　25.00 元

ISBN 978-7-5606-6328-9

XDUP 6630004-8

如有印装问题可调换

前　言

　　本书自第一版出版以来，得到了广大读者的认可，一致认为本书内容全面，紧密结合企业加工实际，实用性强，图文并茂，加工实例真实。

　　此次修订主要做了两大工作：一是为更好地培育学生的爱国主义精神、职业道德和工匠精神，融入了必要的思政元素；二是为了与行业更加紧密结合，与实际更加接近，便于学生更好地理解与应用，增加了微细电火花加工技术、混粉电火花加工技术，修改了激光加工技术，并增加了一些实际工程案例与分析。

　　由于编者水平有限，书中难免存在缺点和疏误，恳请广大读者批评指正。

编　者

2021 年 10 月

第一版前言

特种加工是将电、热、光、声、化学等能量或其组合施加到被加工的部位来去除材料的加工方法，也被称为非传统加工。目前，特种加工技术被广泛用于加工各种高硬度、形状复杂、微细、精密的工件。

目前，特种加工设备的 90% 以上用于模具加工，占模具加工总量的 30%～50%，成为模具制造的重要工艺技术手段。本书重点讲解了在模具加工中广泛应用的电火花及线切割加工的原理、工艺规律、设备操作及加工工艺等，简单介绍了其他特种加工的原理及其应用。

本书是作者六年来企业工作、高职院校教学及深圳市中级工考评工作经验的总结，主要有如下特色：

（1）实例多，实践性强。本书以例题的形式详细讲述特种加工操作中常用的、关键的操作方法，并附有较多加工实例及实际能使用的加工程序。如电火花加工中电极的装夹、定位、设计，线切割加工中电极丝的穿丝、垂直度的找正、工件中心的找正等。

（2）内容新颖、全面。本书以数控电火花机床、慢走丝线切割机床的操作为重点，兼顾普通电火花机床、国产快走丝机床的加工方法。

（3）理论部分内容适度够用。本书理论内容的选取以满足实际操作的需要为前提，适度够用。

本书由深圳职业技术学院周旭光(第一章、第二章、第四章、第六章)、李玉炜(第三章、第五章、第七章)编著。

本书适合作为高职高专院校模具、机械、数控技术应用等专业的教材及电火花、线切割机床操作工的职业培训用书，也可供模具制造等行业的专业人员参考。

本书的编写得到了王秀玉及深圳职业技术学院梁伟文、郭晓霞等的帮助，在此表示衷心的谢意。

由于编者水平有限、经验不足，书中难免有错误和不妥之处，敬请读者批评指正。

编　者
2004 年 3 月

目　　录

第一章 概 论

1.1 特种加工的概念

大家都知道，传统的机械加工是利用刀具比工件硬的特点，依靠机械能去除金属来实现加工的，其实质是"以硬碰硬"。所以在实际加工及工艺编制过程中，工件硬度是需要考虑的重要因素，故大多数切削加工都安排在淬火热处理工序之前，但热处理易引起工件的变形。那么工业生产中有没有"以柔克刚"的加工方法呢？

随着社会生产的需要和科学技术的进步，20 世纪 40 年代，苏联科学家拉扎连柯夫妇研究开关触点遭受火花放电腐蚀损坏的现象和原因，发现电火花的瞬时高温可使局部的金属熔化、气化而被腐蚀掉。据此，他们开创和发明了电火花加工。至此，人们初次脱离了传统加工的旧轨道，利用电能、热能，在不产生切削力的情况下，以低于工件金属硬度的工具去除工件上多余的部位，成功地获得了"以柔克刚"的技术效果。后来，由于各种先进技术的不断应用，产生了多种有别于传统机械加工的新加工方法。这些新加工方法从广义上定义为特种加工(NTM，Non-Traditional Machining)，也被称为非传统加工，其加工原理是将电、热、光、声、化学等能量或其组合施加到工件被加工的部位上，从而实现材料的去除。

1.2 特种加工的特点及发展

与传统的机械加工相比，特种加工的特点是：

(1) 不主要依靠机械能，而主要依靠其他能量(如电、化学、光、声、热等)去除金属材料。

(2) 加工过程中工具和工件之间不存在显著的机械切削力，故加工的难易与工件硬度无关。

(3) 各种加工方法可以任意复合、扬长避短，形成新的工艺方法，更突出其优越性，便于扩大应用范围。如目前的电解电火花加工(ECDM)、电解电弧加工(ECAM) 就是两种特种加工复合而形成的新加工方法。

正因为特种加工工艺具有上述特点，所以就总体而言，特种加工可以加工任何硬度、强度、韧性、脆性的金属或非金属材料，且专长于加工复杂、微细表面和低刚度的零件。

目前，国际上对特种加工技术的研究主要表现在以下几个方面：

(1) 微细化。目前，国际上对微细电火花加工、微细超声波加工、微细激光加工、微细电化学加工等的研究方兴未艾，特种微细加工技术有望成为三维实体微细加工的主流技术。

(2) 特种加工的应用领域正在拓宽。例如，非导电材料的电火花加工，电火花、激光、电子束表面改性等。

(3) 广泛采用自动化技术。充分利用计算机技术对特种加工设备的控制系统、电源系统进行优化，建立综合参数自适应控制装置、数据库等，进而建立特种加工的 CAD/CAM 和 FMS系统，这是当前特种加工技术的主要发展趋势。用简单工具电极加工复杂的三维曲面是电解加工和电火花加工的发展方向。目前已实现用四轴联动线切割机床切出扭曲变截面的叶片。随着设备自动化程度的提高，实现特种加工柔性制造系统已成为各工业国家追求的目标。

我国的特种加工技术起步较早。20 世纪 50 年代中期，我国工厂已设计研制出电火花穿孔机床；60 年代末，上海电表厂张维良工程师在阳极—机械切割的基础上发明了我国独创的快走丝线切割机床，上海复旦大学研制出电火花线切割数控系统。但是由于我国原有的工业基础薄弱，因此特种加工设备和整体技术水平与国际先进水平有不少差距。

1.3 特种加工的分类

特种加工的分类还没有明确的规定，一般按能量来源和作用形式以及加工原理可分为表 1-1 所示的形式。

表 1-1 常用特种加工方法的分类

加 工 方 法		主要能量来源	作用形式	符号
电火花加工	电火花成形加工	电能、热能	熔化、气化	EDM
	电火花线切割加工	电能、热能	熔化、气化	WEDM
电化学加工	电解加工	电化学能	金属离子阳极溶解	ECM(ELM)
	电解磨削	电化学能、机械能	阳极溶解、磨削	EGM(ECG)
	电解研磨	电化学能、机械能	阳极溶解、研磨	ECH
	电铸	电化学能	金属离子阴极沉积	EFM
	涂镀	电化学能	金属离子阴极沉积	EPM
高能束加工	激光束加工	光能、热能	熔化、气化	LBM
	电子束加工	光能、热能	熔化、气化	EBM
	离子束加工	电能、机械能	切蚀	IBM
	等离子弧加工	电能、热能	熔化、气化	PAM
物料切蚀加工	超声波加工	声能、机械能	切蚀	USM
	磨料流加工	机械能	切蚀	AFM
	液体喷射加工	机械能	切蚀	HDM
化学加工	化学铣削	化学能	腐蚀	CHM
	化学抛光	化学能	腐蚀	CHP
	光刻	光能、化学能	光化学腐蚀	PCM
复合加工	电化学电弧加工	电化学能	熔化、气化腐蚀	ECAM
	电解电化学机械磨削	电能、热能	离子溶解、熔化、切割	MEEC

尽管特种加工优点突出，应用日益广泛，但是各种特种加工的能量来源、作用形式、工艺特点却不尽相同，其加工特点与应用范围自然也不一样，而且各自还都具有一定的局限性。为了更好地应用和发挥各种特种加工的最佳功能及效果，必须依据工件材料、尺寸、形状、精度、生产率、经济性等情况做具体分析，区别对待，合理选择特种加工方法。表 1-2 对几种常见的特种加工方法进行了综合比较。

表 1-2　几种常见特种加工方法的综合比较

加工方法	可加工材料	工具损耗率/(%)（最低/平均）	材料去除率/(mm³/min)（平均/最高）	可达到尺寸精度/mm（平均/最高）	可达到表面粗糙度 $Ra/\mu m$（平均/最高）	主要适用范围
电火花成形加工	任何导电金属材料，如硬质合金钢、耐热钢、不锈钢、淬火钢、钛合金等	0.1/10	30/3000	0.03/0.003	10/0.04	从数微米的孔、槽到数米的超大型模具、工件等，如各种类型的孔、各种类型的模具
电火花线切割加工		较小（可补偿）	20/200*（mm²/min）	0.02/0.002	5/0.32	切割各种二维及三维直纹面组成的模具及零件，也常用于钼、钨、半导体材料或贵重金属切削
电解加工		不损耗	100/10000	0.1/0.01	1.25/0.16	从微小零件到超大型工件、模具的加工，如型孔、型腔、抛光、去毛刺等
电解磨削		1/50	1/100	0.02/0.001	1.25/0.04	硬质合金钢等难加工材料的磨削，如硬质合金刀具、量具等
超声波加工	任何脆性材料	0.1/10	1/50	0.03/0.005	0.63/0.16	加工脆硬材料，如玻璃、石英、宝石、金刚石、硅等，可加工型孔、型腔、小孔等
激光加工	任何材料	不损耗（三种加工，没有成形用的工具）	瞬时去除率很高，受功率限制，平均去除率不高	0.01/0.001	10/1.25	精密加工小孔、窄缝及成形切割、蚀刻，如金刚石拉丝模、钟表宝石轴承等
电子束加工						在各种难加工材料上打微小孔、切缝、蚀刻、焊接等，常用于制造大、中规模集成电路微电子器件
离子束加工		很低	/0.01 μm		/0.01	对零件表面进行超精密、超微量加工、抛光、刻蚀、掺杂、镀覆等

注：*线切割加工的金属去除率按惯例均用 mm²/min 为单位。

第二章　电火花加工的基本原理及设备

2.1　电火花加工的物理本质及特点

2.1.1　电火花加工的物理本质

2-1

电火花加工基于电火花腐蚀原理，是在工具电极与工件电极相互靠近时，极间形成脉冲性火花放电，在电火花通道中产生瞬时高温，使金属局部熔化，甚至气化，从而将金属蚀除下来的加工方式。那么两电极表面的金属材料是如何被蚀除下来的呢？其工作原理及过程大致如图 2-1 所示。

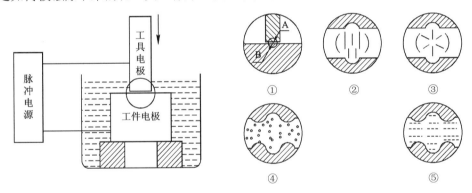

图 2-1　电火花加工原理

(1) 极间介质电离、击穿，形成放电通道(如图 2-1 中①所示)。工具电极与工件电极缓缓靠近，极间的电场强度增大，由于两电极的微观表面是凹凸不平的，因此在两极间距离最近的 A、B 处电场强度最大。

工具电极与工件电极之间充满着液体介质，液体介质中不可避免地含有杂质及自由电子，它们在强大的电场作用下，形成了带负电的粒子和带正电的粒子，电场强度越大，带电粒子就越多，最终导致液体介质电离、击穿，形成放电通道。放电通道是由大量高速运动的带正电和带负电的粒子以及中性粒子组成的。由于通道截面很小，通道内因高温热膨胀形成的压力高达几万帕，高温高压的放电通道急速扩展，产生一个强烈的冲击波，向四周传播。在放电的同时还伴随着光效应和声效应，这就形成了肉眼所能看到的电火花。

(2) 电极材料熔化、气化、热膨胀(如图 2-1②、③所示)。液体介质被电离、击穿，形成放电通道后，通道间带负电的粒子奔向正极，带正电的粒子奔向负极，粒子间相互撞击，产生大量的热能，使通道瞬间达到很高的温度。通道高温首先使工作液汽化，然后高温向四周扩散，使两电极表面的金属材料开始熔化直至沸腾气化。汽化后的工作液和金属蒸气瞬间体积猛增，形成了爆炸的特性。所以在观察电火花加工时，可以看到工件与工具电极间有冒烟现象，并听到轻微的爆炸声。

(3) 电极材料抛出(如图 2-1④所示)。正负电极间的电火花使放电通道产生高温高压。通道中心的压力最高，工作液和金属气化后不断向外膨胀，形成内外瞬间压力差，高压力处的熔融金属液体和蒸气被排挤，抛出放电通道，大部分被抛入工作液中。仔细观察电火花加工，可以看到橘红色的火花四溅，这就是被抛出的高温金属熔滴和碎屑。

(4) 极间介质消电离(如图 2-1⑤所示)。加工液流入放电间隙，将电蚀产物及残余的热量带走，并恢复绝缘状态。若电火花放电过程中产生的电蚀产物来不及排除和扩散，产生的热量将不能及时传出，则会该处介质局部过热。局部过热的工作液高温分解、积炭，将使加工无法继续进行，并烧坏电极。因此，为了保证电火花加工的正常进行，在两次放电之间必须有足够的时间间隔让电蚀产物充分排除，恢复放电通道的绝缘性，使工作液介质消电离。

上述步骤(1)～(4)在一秒内约数千次甚至数万次地往复式进行，即单个脉冲放电结束，经过一段时间间隔(即脉冲间隔)使工作液恢复绝缘后，第二个脉冲又作用到工具电极和工件上，又会在当时极间距离相对最近或绝缘强度最弱处击穿放电，蚀出另一个小凹坑。这样以相当高的频率连续不断地放电，工件不断地被蚀除，故工件加工表面将由无数个相互重叠的小凹坑组成(如图 2-2 所示)。所以电火花加工是大量的微小放电痕迹逐渐累积而成的去除金属的加工方式。

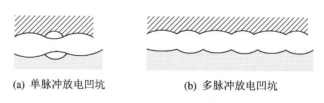

(a) 单脉冲放电凹坑   (b) 多脉冲放电凹坑

图 2-2   电火花表面局部放大图

实际上，电火花加工的过程远比上述复杂，它是电力、磁力、热力、流体动力、电化学等综合作用的过程。到目前为止，人们对电火花加工过程的了解还很不够，需要进一步研究。

2.1.2   电火花加工、电火花线切割加工的特点

电火花加工、电火花线切割加工都是利用火花放电产生的热量来去除金属的，它们加工的工艺和机理有较多的相同点，又有各自独有的特性。

2-2

1. 共同特点

(1) 二者的加工原理相同，都是通过电火花放电产生的热来熔解去除金属的，所以二者加工材料的难易与材料的硬度无关，加工中不存在显著的机械切削力。

(2) 二者的加工机理、生产率、表面粗糙度等工艺规律基本相似，可以加工硬质合金等一切导电材料。

(3) 最小角部半径有限制。电火花加工中最小角部半径为加工间隙，线切割加工中最小角部半径为电极丝的半径加上加工间隙。

2．不同特点

(1) 从加工原理角度看，电火花加工是将电极形状复制到工件上的一种工艺方法，如图 2-3(a)所示，在实际中可以加工通孔(穿孔加工)和盲孔(成型加工)，如图 2-3(b)、(c)所示；线切割加工是利用移动的细金属导线(铜丝或钼丝)作电极，对工件进行脉冲火花放电、切割成形的一种工艺方法，如图 2-4 所示。

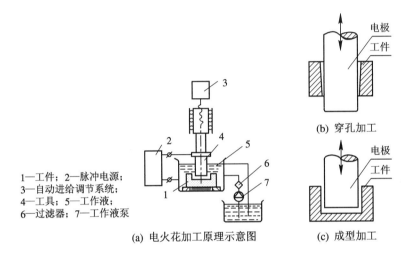

1—工件；2—脉冲电源；
3—自动进给调节系统；
4—工具；5—工作液；
6—过滤器；7—工作液泵

(a) 电火花加工原理示意图

(b) 穿孔加工

(c) 成型加工

图 2-3　电火花加工

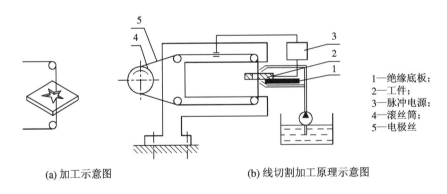

(a) 加工示意图

(b) 线切割加工原理示意图

1—绝缘底板；
2—工件；
3—脉冲电源；
4—滚丝筒；
5—电极丝

图 2-4　线切割加工

(2) 从产品形状角度看，电火花加工必须先用数控加工等方法加工出与产品形状相似的电极；线切割加工中产品的形状是通过工作台按给定的控制程序移动而合成的，只对工件进行轮廓图形加工，余料仍可利用。

(3) 从电极角度看，电火花加工必须制作成形用的电极(一般用铜、石墨等材料制作而成)，而线切割加工用移动的细金属导线(铜丝或钼丝)作电极。

(4) 从电极损耗角度看，电火花加工中电极相对静止，易损耗，故通常采用多个电极加工；线切割加工中由于电极丝连续移动，使新的电极丝不断地补充和替换在电蚀加工区受到损耗的电极丝，避免了电极损耗对加工精度的影响。

(5) 从应用角度看，电火花加工可以加工通孔、盲孔，特别适宜加工形状复杂的塑料模具等零件的型腔以及刻文字、花纹等，如图 2-5(a)所示；线切割加工只能加工通孔，能方便地加工出小孔、形状复杂的窄缝及各种形状复杂的零件，如图 2-5(b)所示。

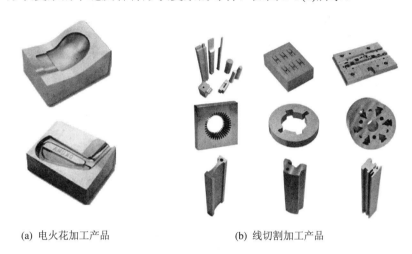

(a) 电火花加工产品   (b) 线切割加工产品

图 2-5 加工产品实例

2.2　电火花加工机床简介

2-3

2.2.1　机床型号、规格、分类

我国国标规定，电火花成形机床均用 D71 加上机床工作台面宽度的 1/10 表示。例如 D7132 中，D 表示电火花加工机床(若该机床为数控电加工机床，则在 D 后加 K，即 DK)，71 表示电火花成形机床，32 表示机床工作台的宽度为 320 mm。

在中国大陆外，电火花加工机床的型号没有采用统一标准，由各个生产企业自行确定，如日本沙迪克(Sodick)公司生产的 AQ、AG、AP 系列机床，瑞士 GF 公司生产的 FORM 系列机床，中国乔懋机电工业股份有限公司(台湾)生产的 JM 系列机床等。

电火花加工机床按其大小可分为小型(D7125 以下)、中型(D7125～D7163)和大型(D7163以上)，按数控程度分为非数控、单轴数控和三轴数控。随着科学技术的进步，目前市场上使用的电火花机床都是三轴数控电火花机床，部分企业开始使用带有工具电极库，能按程序自动更换电极的电火花加工中心。

2.2.2　电火花加工机床结构

电火花加工机床主要由机床本体、脉冲电源、自动进给调节系统、工作液循环过滤系统、数控系统等部分组成，如图 2-6 所示。

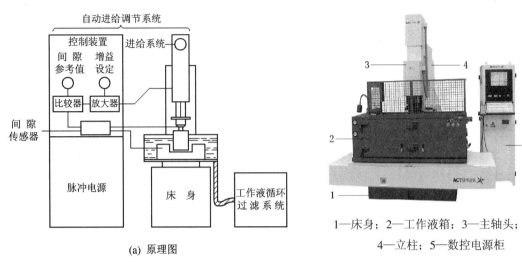

(a) 原理图

1—床身；2—工作液箱；3—主轴头；
4—立柱；5—数控电源柜

图 2-6　电火花机床

1. 机床本体

机床本体主要由床身、立柱、主轴头及附件、工作台等部分组成，是用以实现工件和工具电极的装夹固定和运动的机械系统。床身、立柱、工作台是电火花机床的骨架，起着支承、定位和便于操作的作用。因为电火花加工宏观作用力极小，所以对机械系统的强度无严格要求，但为了避免变形和保证精度，要求具有必要的刚度。主轴头下面装夹的电极是自动进给调节系统的执行机构，其质量的好坏将影响进给系统的灵敏度及加工过程的稳定性，进而影响工件的加工精度。

机床主轴头和工作台常有一些附件，如可调节工具电极角度的夹头、平动头、油杯等。此处主要介绍平动头。

电火花加工时粗加工的电火花放电间隙比中加工的放电间隙要大，而中加工的电火花放电间隙比精加工的放电间隙又要大一些。当用一个电极进行粗加工时，将工件的大部分余量蚀除掉后，其底面和侧壁四周的表面粗糙度很差，为了将其修光，就得转换规准逐挡进行修整。但由于中、精加工规准的放电间隙比粗加工规准的放电间隙小，若不采取措施，四周侧壁就无法修光了。平动头就是为解决修光侧壁和提高其尺寸精度而设计的。

平动头是一个使装在其上的电极能产生向外机械补偿动作的工艺附件。当用单电极加工型腔时，使用平动头可以补偿上一个加工规准和下一个加工规准之间的放电间隙差。

平动头的动作原理是：利用偏心机构将伺服电机的旋转运动通过平动轨迹保持机构转化成电极上每一个质点都能围绕其原始位置在水平面内做的平面小圆周运动，许多小圆的外包络线面积就是加工横截面积，如图 2-7 所示。其中，每个质点运动轨迹的半径就称为平动量，其大小可以由零逐渐调大，以补偿粗、中、精加工的电火花放电间隙 δ 之差，从而达到修光型腔的目的。具体平动头的结构及原理可以参考其他书籍。

目前，机床上安装的平动头有机械式平动头和数控平动头，其外形如图 2-8 所示。机械式平动头由于有平动轨迹半径的存在，无法加工有清角要求的型腔；数控平动头可以两轴联动，能加工有清棱、清角的型孔和型腔。

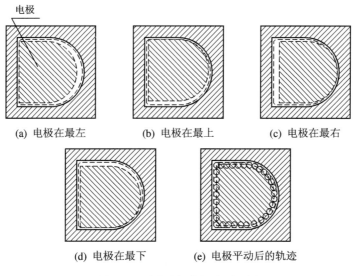

(a) 电极在最左　　　　(b) 电极在最上　　　　(c) 电极在最右

(d) 电极在最下　　　　(e) 电极平动后的轨迹

图 2-7　平动头扩大间隙原理图

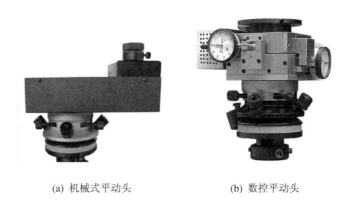

(a) 机械式平动头　　　　(b) 数控平动头

图 2-8　平动头外形

与一般电火花加工工艺相比较，采用平动头电火花加工有如下特点：

(1) 可以通过改变轨迹半径来调整电极的作用尺寸，因此尺寸加工不再受放电间隙的限制。

(2) 用同一尺寸的工具电极，通过轨迹半径的改变，可以实现转换电规准的修整，即采用一个电极就能由粗至精直接加工出一副型腔。

(3) 在加工过程中，工具电极的轴线与工件的轴线相偏移，除了电极处于放电区域的部分外，工具电极与工件的间隙都大于放电间隙，实际上减小了同时放电的面积，这有利于电蚀产物的排除，提高了加工稳定性。

(4) 工具电极移动方式的改变，可使加工表面的粗糙度大有改善，特别是底平面处。

2. 脉冲电源

在电火花加工过程中，脉冲电源的作用是把工频正弦交流电流转变成频率较高的单向脉冲电流，向工件和工具电极间的加工间隙提供所需要的放电能量，以蚀除金属。脉冲电源的性能直接关系到电火花加工的加工速度、表面质量、加工精度、工具电极损耗等工艺指标。

脉冲电源输入为 380 V、50 Hz 的交流电，其输出应满足如下要求：

(1) 要有一定的脉冲放电能量，否则不能使工件金属气化。

(2) 火花放电必须是短时间的脉冲性放电，这样才能使放电产生的热量来不及扩散到其他部分，从而有效地蚀除金属，提高成型性和加工精度。

(3) 脉冲波形是单向的，以便充分利用极性效应，提高加工速度和降低工具电极损耗。

(4) 脉冲波形的主要参数(峰值电流、脉冲宽度、脉冲间歇等)有较宽的调节范围，以满足粗、中、精加工的要求。

(5) 有适当的脉冲间隔时间，使放电介质有足够时间消除电离并冲去金属颗粒，以免引起电弧而烧伤工件。

电源的好坏直接关系到电火花加工机床的性能，所以电源往往是电火花机床制造厂商的核心机密之一。从理论上讲，电源一般有如下几种。

1) 弛张式脉冲电源

弛张式脉冲电源是最早使用的电源，它是利用电容器充电储存电能，然后瞬时放出，形成火花放电来蚀除金属的。因为电容器时而充电，时而放电，一弛一张，故称"弛张式"(如图 2-9 所示)。由于这种电源是靠电极和工件间隙中的工作液的击穿作用来恢复绝缘和切断脉冲电流的，因此间隙大小、电蚀产物的排除情况等都影响脉冲参数，使脉冲参数不稳定，所以这种电源又称为非独立式电源。

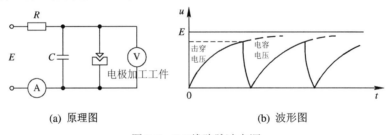

(a) 原理图   (b) 波形图

图 2-9　RC 线路脉冲电源

弛张式脉冲电源结构简单，使用维修方便，加工精度较高，粗糙度值较小，但生产率低，电能利用率低，加工稳定性差，故目前这种电源的应用已逐渐减少。

2) 闸流管脉冲电源

闸流管是一种特殊的电子管，当从其栅极通入一脉冲信号时，便可控制管子的导通或截止，输出脉冲电流。由于这种电源的电参数与加工间隙无关，因此又称为独立式电源。闸流管脉冲电源的生产率较高，加工稳定，但脉冲宽度较窄，电极损耗较大。

3) 晶体管脉冲电源

晶体管脉冲电源是以晶体元件作为开关元件的电火花脉冲电源，其输出功率大，电规准调节范围广，电极损耗小，适应于型孔、型腔等各种不同用途的加工。晶体管脉冲电源已越来越广泛地应用在电火花加工机床上。

目前，普及型(经济型)的电火花加工机床都采用高低压复合的晶体管脉冲电源，中、高档电火花加工机床都采用微机数字化控制的脉冲电源，而且内部存有电火花加工规准的数据库。电火花加工时可以通过加工代码调用各档粗、中、精加工规准参数。例如，苏州汉奇数控设备有限公司、日本沙迪克公司的电火花加工机床用 C 代码(例如 C320)调用加工规准参数，苏州三光科技股份有限公司、日本三菱公司的电火花加工机床用 E 代码调用加工规准参数。

3. 自动进给调节系统

在电火花成形加工设备中，自动进给调节系统占有很重要的位置，它的性能直接影响加工稳定性和加工效果。

电火花成形加工的自动进给调节系统，主要包含伺服进给系统和参数控制系统。伺服进给系统主要用于控制放电间隙的大小，而参数控制系统主要用于控制电火花成形加工中的各种参数(如放电电流、脉冲宽度、脉冲间隔等)，以便能够获得最佳的加工工艺指标等，其具体内容可参考第三章相关内容。

1) 伺服进给系统的作用及要求

在电火花成形加工中，电极与工件必须保持一定的放电间隙。由于工件不断被蚀除，电极也不断地损耗，故放电间隙将不断扩大。如果电极不及时进给补偿，放电过程会因间隙过大而停止。反之，间隙过小又会引起拉弧烧伤或短路，这时电极必须迅速离开工件，待短路消除后再重新调节到适宜的放电间隙。在实际生产中，放电间隙变化范围很小，且与加工规准、加工面积、工件蚀除速度等因素有关，因此很难依靠人工实现进给，也不能像钻削那样采用"机动"、等速进给，而必须采用伺服进给系统。这种不等速的伺服进给系统也称为自动进给调节系统。

伺服进给系统一般有如下要求：

(1) 有较广的速度调节跟踪范围。在电火花加工过程中，加工规准、加工面积等条件的变化都会影响其进给速度变化，伺服进给系统应有较宽的速度调节范围，以适应各种加工的需要。

(2) 有足够的灵敏度和快速性。放电加工的频率很高，放电间隙的状态瞬息万变，要求伺服进给系统根据间隙状态的微弱信号能相应地快速调节。为此，整个系统的不灵敏区、可动部分的惯性要小，响应速度要快。

(3) 有较高的稳定性和抗干扰能力。电蚀速度一般不高，所以伺服进给系统应有很好的低速性能，能均匀、稳定地进给，超调量要小，抗干扰能力要强。

伺服进给系统种类较多，下面简单介绍电液压式伺服进给系统的原理，其他的伺服进给系统可参考其他相关资料。

2) 电液压式伺服进给系统

在电液自动进给调节系统中，液压缸、活塞是执行机构。由于传动链短及液体的基本不可压缩性，因此传动链中无间隙、刚度大、不灵敏区小；又因为加工时进给速度很低，所以正、反向惯性很小，反应迅速，特别适合于电火花加工的低速进给，故 20 世纪 80 年代前电液压式伺服进给系统得到了广泛的应用，但它有漏油、油泵噪声大、占地面积较大等缺点。

图 2-10 所示为 DYT-2 型液压主轴头的喷嘴—挡板式调节系统的工作原理图。电动机 4 驱动叶片液压泵 3 从油箱中压出压力油，由溢流阀 2 保持压力表 P_0 的值恒定，经过滤油器

6 后分两路，一路进入下油腔，另一路经节流阀 7 进入上油腔。进入上油腔的压力油从喷嘴 8 与挡板 12 的间隙中流回油箱，使上油腔的压力表 P_1 的值随此间隙的大小而变化。

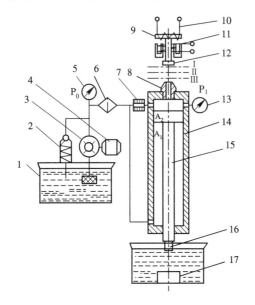

1—液压箱；2—溢流阀；3—叶片液压泵；
4—电动机；5—压力表；6—滤油器；
7—节流阀；8—喷嘴；9—电—机械转换器；
10—动圈；11—静圈；12—挡板；13—压力表；
14—液压缸；15—活塞；16—工具电极；17—工件

图 2-10　喷嘴—挡板式电液压自动调节器工作原理

电—机械转换器 9 主要由动圈(控制线圈)10 与静圈(励磁线圈)11 等组成。动圈处在励磁线圈的磁路中，与挡板 12 连成一体。改变输入动圈的电流，可使挡板随动圈动作，从而改变挡板与喷嘴间的间隙。当放电间隙短路时，动圈两端电压为零，此时动圈不受电磁力的作用，挡板受弹簧力处于最高位置 I，喷嘴与挡板门开口为最大，使工作液流经喷嘴的流量为最大，上油腔的压力下降到最小值，致使上油腔压力小于下油腔压力，故活塞杆带动工具电极上升。当放电间隙开路时，动圈电压最大，挡板被磁力吸引下移到最低位置Ⅲ，喷嘴被封闭，上、下油腔压强相等，但因下油腔工作面积小于上油腔工作面积，活塞上的向下作用力大于向上作用力，活塞杆下降。当放电间隙最佳时，电动力使挡板处于平衡位置Ⅱ，活塞处于静止状态。

由此可见，主轴的移动是由电—机械转换器中控制线圈电流的大小来实现的。控制线圈电流的大小则由加工间隙的电压或电流信号来控制，因而实现了进给的自动调节。

4. 工作液循环过滤系统

电火花加工中的蚀除产物，一部分以气态形式抛出，其余大部分以球状固体微粒分散地悬浮在工作液中，直径一般为几微米。随着电火花加工的进行，蚀除产物越来越多，充斥在电极和工件之间，或粘连在电极和工件的表面上。蚀除产物的聚集，会与电极或工件形成二次放电。这就破坏了电火花加工的稳定性，降低了加工速度，影响了加工精度和表面粗糙度。为了改善电火花加工的条件，一种办法是使电极振动，以加强排屑；另一种办法是对工作液进行强迫循环过滤，以改善间隙状态。

工作液强迫循环过滤是由工作液循环过滤器来完成的。电火花加工用的工作液过滤系统包括工作液泵、容器、过滤器及管道等。图 2-11 所示是工作液循环过滤系统油路图，它既能实现冲油，又能实现抽油。其工作过程是：储油箱的工作液首先经过粗过滤器 1，经单向阀 2 吸入油泵 3，这时高压油经过不同形式的精过滤器 7 输向机床工作液槽，溢流安全阀 5 使控制系统的压力不超过 400 kPa，补油控制阀 11 为快速进油用。待油注满油箱时，可及时调节冲油选择阀 10，由阀 8 来控制工作液循环方式及压力。当阀 10 在冲油位置时，补油、冲油都不通，这时油杯中的油的压力由阀 8 控制；当阀 10 在抽油位置时，补油和抽油两路都通，这时压力工作液穿过射流抽吸管 9，利用流体速度产生负压，达到抽油的目的。

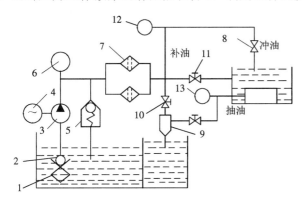

1—粗过滤器；2—单向阀；3—油泵；
4—电极；5—安全阀；6—压力表；
7—精过滤器；8—压力调节阀；
9—射流抽吸管；10—冲油选择阀；
11—快速补油控制阀；12—冲油压力表；
13—抽油压力表

图 2-11　工作液循环过滤系统油路图

5. 数控系统

1) 数控电火花机床的类型

数控系统规定除了直线移动的 X、Y、Z 三个坐标轴系统外，还有三个转动的坐标系统，即绕 X 轴转动的 A 轴，绕 Y 轴转动的 B 轴，绕 Z 轴转动的 C 轴。若机床的 Z 轴可以连续转动但不是数控的，如电火花打孔机，则不能称为 C 轴，只能称为 R 轴。

2-4

根据机床的数控坐标轴的数目，目前常见的数控机床有三轴数控电火花机床、四轴三联动数控电火花机床、四轴联动或五轴联动甚至六轴联动电火花加工机床。三轴数控电火花机床的主轴 Z 和工作台 X、Y 都是数控的。从数控插补功能上讲，又将这类机床细分为三轴两联动机床和三轴三联动机床。三轴两联动是指 X、Y、Z 三轴中，只有两轴(如 X、Y 轴)能进行插补运算和联动，电极只能在平面内走斜线和圆弧轨迹(电极在 Z 轴方向只能做伺服进给运动，不能做插补运动)。三轴三联动系统的电极可在空间做 X、Y、Z 方向的插补联动(例如可以走空间螺旋线)。

四轴三联动数控机床增加了 C 轴，即主轴可以数控回转和分度。

现在部分数控电火花机床还带有工具电极库，在加工中可以根据事先编制好的程序，自动更换电极。

2) 数控电火花机床的数控系统工作原理

数控电火花机床能实现工具电极和工件之间的多种相对运动，可以用来加工多种较复杂的型腔。目前，绝大部分电火花数控机床采用国际上通用的 ISO 代码进行编程、程序控制、数控摇动加工等，具体内容如下：

- ISO 代码编程

ISO 代码是国际标准化机构制定的用于数控编码和程序控制的一种标准代码。代码主要有 G 指令(即准备功能指令)和 M 指令(即辅助功能指令)，具体见表 2-1。

表 2-1 常用的电火花数控指令

代 码	功 能	代 码	功 能
G00	快速移动，定位指令	G81	移动到机床的极限
G01	直线插补	G82	回到当前位置与零点的一半处
G02	顺时针圆弧插补指令	G90	绝对坐标指令
G03	逆时针圆弧插补指令	G91	增量坐标指令
G04	暂停指令	G92	制定坐标原点
G17	XOY 平面选择	M00	暂停指令
G18	XOZ 平面选择	M02	程序结束指令
G19	YOZ 平面选择	M05	忽略接触感知
G20	英制	M08	旋转头开
G21	公制	M09	旋转头关
G40	取消电极补偿	M80	冲油、工作液流动
G41	电极左补偿	M84	接通脉冲电源
G42	电极右补偿	M85	关断脉冲电源
G54	选择工作坐标系 0	M89	工作液排除
G55	选择工作坐标系 1	M98	子程序调用
G56	选择工作坐标系 2	M99	子程序结束
G80	移动轴直到接触感知		

以上代码，绝大部分与数控铣床、车床的代码相同，只有 G54、G80、G82、M05 等是以前接触较少的指令。

G54：

一般的慢走丝线切割机床和部分快走丝线切割机床都有几个或几十个工作坐标系，可以用 G54、G55、G56 等指令进行切换(如表 2-2 所示)。在加工或找正过程中定义工作坐标系的主要目的是使坐标的数值更简洁。这些定义工作坐标系的指令可以和 G92 一起使用。G92 代码只能把当前点在坐标系中定义为某一个值，但不能把这点的坐标在所有的坐标系中都定义成该值。

表 2-2 工作坐标系

G54	工作坐标系 0
G55	工作坐标系 1
G56	工作坐标系 2
⋮	⋮

如图 2-12 所示，可以通过如下指令切换工作坐标系：

G92 G54 X0 Y0；

G00 X20. Y30.；

G92 G55 X0 Y0；

这样通过指令，首先把当前的 O 点定义为工作坐标系 0 的零点，然后分别把 X、Y 轴快速移动 20 mm、30 mm 到达点 O'，并把该点定义为工作坐标系 1 的零点。

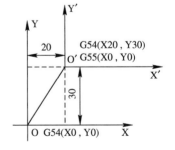

图 2-12 工作坐标系切换

G80:

含义：接触感知。

格式：G80 轴加方向

如：G80 X-; 　　　/电极将沿 X 轴的负方向前进，直到接触到工件，然后停在那里

接触感知命令主要用来确定电极(丝)相对于工件的位置。部分电火花机床和线切割机床没有接触感知命令，但有类似的中文菜单，如"对边"。现以苏三光某型号线切割机床为例说明"对边"命令的用法。

"对边"即边缘找正。此命令可实现电极丝在 X 及 Y 轴四个方向的边缘找正。用户在移动菜单下按"对边"按钮进入对边操作，屏幕显示如图 2-13 所示。用户可以选择 X、Y 轴四个方向的任一方向进行边缘找正。边缘找正开始时电极丝沿指定方向缓慢接近工件直至接触感知。为提高边缘找正精度，在边缘找正开始前，可以适当增大丝的张力，电极丝开启运丝。

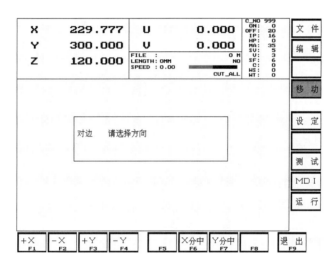

图 2-13　对边界面

G82:

含义：移动到原点和当前位置一半处。

格式：G82 轴

如：G92 X100.; 　　　/将当前点的 X 坐标定义为 100.

　　G82 X; 　　　/将电极移到当前坐标系 X=50.的地方

M05:

含义：忽略接触感知，只在本段程序起作用。具体用法是：当电极与工件接触感知并停在此处后，若要移走电极，则用此代码。

如：G80 X-; 　　　/X 轴负方向接触感知

　　G90 G92 X0 Y0; 　　　/设置当前点坐标为(0，0)

　　M05 G00 X10.; 　　　/忽略接触感知且把电极向 X 轴正方向移动 10 mm

若去掉上面代码中的 M05，则电极往往不动作，G00 不执行。

以上代码通常用在加工前电极的定位上，具体实例如下：

如图 2-14 所示，ABCD 为矩形工件，AB、BC 边为设计基准，现欲用电火花加工一圆形图案，图案的中心为 O 点，O 到 AB 边、BC 边的距离如图中所标。已知圆形电极的直径为 20 mm，请写出电极定位于 O 点的具体过程。

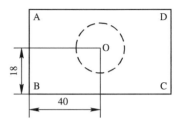

图 2-14 工件找正图

具体过程如下：

首先将电极移到工件 AB 的左边，电极下表面低于工件上表面 5～10 mm，Y 轴坐标大致与 O 点相同，然后执行如下指令：

G80 X+;

G90 G92 X0;

用手控盒将电极移到工件 BC 的下边，X 坐标大致与与 O 点相同，然后执行如下指令：

G80 Y+;

G92 Y0;

用手控盒移动 Z 轴，抬高电极，使电极下表面高过工件上表面，然后执行如下指令：

● 数控摇动加工

如前面所述，普通电火花加工机床为了修光侧壁和提高其尺寸精度而添加平动头，使工具电极轨迹向外可以逐步扩张，即可以平动。对数控电火花机床，由于工作台是数控的，可以实现工件加工轨迹逐步向外扩张，即摇动，故数控电火花机床不需要平动头。具体来说，摇动加工的作用是：

(1) 可以精确控制加工尺寸精度。

(2) 可以加工出复杂的形状，如螺纹。

(3) 可以提高工件侧面和底面的表面粗糙度。

(4) 可以加工出清棱、清角的侧壁和底边。

(5) 变全面加工为局部加工，有利于排屑和加工稳定。

(6) 对电极尺寸精度要求不高。

2-5

摇动的轨迹除了可以像平动头的小圆形轨迹外，还可以有方形、菱形、叉形和十字形轨迹，且摇动的半径可为 9.9 mm 以内任一数值。

摇动加工的编程代码各公司均自己规定。以汉川机床厂和日本沙迪克公司为例，摇动加工的指令代码(参见表 2-3)如下：

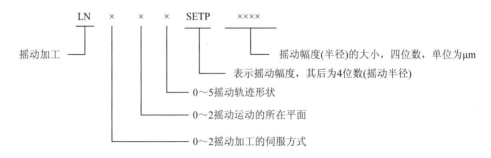

表 2-3　电火花数控摇动类型一览表

类　型	所在平面	摇　动　轨　迹					
		无摇动	 ↻	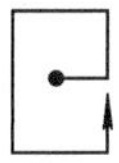 ⊡	 ◇	 ✕	 ✛
自由摇动	X—Y 平面	000	001	002	003	004	005
	X—Z 平面	010	011	012	013	014	015
	Y—Z 平面	020	021	022	023	024	025
步进摇动	X—Y 平面	100	101	102	103	104	105
	X—Z 平面	110	111	112	113	114	115
	Y—Z 平面	120	121	122	123	124	125
锁定摇动	X—Y 平面	200	201	202	203	204	205
	X—Z 平面	210	211	212	213	214	215
	Y—Z 平面	220	221	222	223	224	225

如图 2-15 所示，数控摇动的伺服方式共有以下三种：

(1) 自由摇动。选定某一轴向(例如 Z 轴)作为伺服进给轴，其他两轴进行摇动运动，如图 2-15(a)所示。例如：

　　G01 LN001 STEP30 Z-10.

G01 表示沿 Z 轴方向进行伺服进给；LN001 中的 00 表示在 X—Y 平面内自由摇动，1 表示工具电极各点绕各原始点做圆形轨迹摇动；STEP30 表示摇动半径为 30 μm；Z-10.表示伺服进给至 Z 轴向下 10 mm 为止。其实际放电点的轨迹见图 2-15(a)，沿各轴方向可能出现不规则的进进退退。

(2) 步进摇动。在某选定的轴向做步进伺服进给，每进一步的步距为 2 μm，其他两轴做摇动运动，如图 2-15(b)所示。例如：

　　G01 LN101 STEP20 Z-10.

G01 表示沿 Z 轴方向进行伺服进给；LN101 中的 10 表示在 X—Y 平面内步进摇动，1 表示工具电极各点绕各原始点做圆形轨迹摇动；STEP20 表示摇动半径为 20 μm；Z-10. 表示伺服进给至 Z 轴向下 10 mm 为止。其实际放电点的轨迹见图 2-15(b)。步进摇动限制了主轴的进给动作，使摇动动作的循环成为优先动作。步进摇动用在深孔排屑比较困难的加工中。它较自由摇动的加工速度稍慢，但更稳定，没有频繁的进给、回退现象。

(3) 锁定摇动。在选定的轴向停止进给运动并锁定轴向位置，其他两轴进行摇动运动。在摇动中，摇动半径幅度逐步扩大，主要用于精密修扩内孔或内腔，如图 2-15(c)所示。例如：

　　G01 LN202 STEP20 Z-5.

G01 表示沿 Z 轴方向进行伺服进给；LN202 中的 20 表示在 X—Y 平面内锁定摇动，2 表示工具电极各点绕各原始点做方形轨迹摇动；Z-5.表示 Z 轴加工至-5 mm 处停止进给并锁定，X、Y 轴进行摇动运动。其实际放电点的轨迹见图 2-15(c)。锁定摇动能迅速除去粗加工留下的侧面波纹，是达到尺寸精度最快的加工方法。它主要用于通孔、盲孔或有底面的型腔模加工中。如果锁定后做圆轨迹摇动，则还能在孔内滚花、加工出内花纹等。

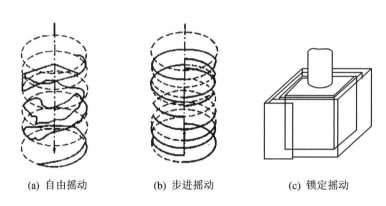

(a) 自由摇动   (b) 步进摇动   (c) 锁定摇动

图 2-15   数控摇动的伺服方式

6. 电火花机床常见功能

电火花机床的常见功能如下：

(1) 回原点操作功能。数控电火花在加工前首先要回到机械坐标的零点，即 X、Y、Z 轴回到其轴的正极限处。这样，机床的控制系统才能复位，后续操作机床运动不会出现紊乱。

(2) 置零功能。将当前点的坐标设置为零。

(3) 接触感知功能。让电极与工件接触，以便定位。

(4) 其他常见功能，如找内中心功能、找外中心功能、侧面加工功能等。

2.3　电火花线切割加工机床简介

2.3.1　机床分类、型号

1. 分类

线切割加工机床可按多种方法进行分类,通常按电极丝的走丝速度分成快走丝线切割机床(WEDM-HS)与慢走丝线切割机床(WEDM-LS)。

2-6

1) 快走丝线切割机床

快走丝线切割机床的电极丝做高速往复运动，一般走丝速度为 8～10 m/s，是我国独创的电火花线切割加工模式。快走丝线切割机床上运动的电极丝能够双向往返运行，重复使用，直至断丝为止。线电极材料常用直径为 $\phi 0.10 \sim \phi 0.30$ mm 的钼丝(有时也用钨丝或钨钼丝)。对小圆角或窄缝切割，也可采用直径为 $\phi 0.06$ mm 的钼丝。

工作液通常采用乳化液。快走丝线切割机床结构简单、价格便宜、生产率高，但由于运行速度快，工作时机床震动较大。钼丝和导轮的损耗快，加工精度和表面粗糙度就不如慢走丝线切割机床，其加工精度一般为 0.01～0.02 mm，表面粗糙度 Ra 为 1.25～2.5 μm。

2) 慢走丝线切割机床

慢走丝线切割机床走丝速度低于 0.2 m/s，常用黄铜丝(有时也采用紫铜、钨、钼和各种合金的涂覆线)作为电极丝，铜丝直径通常为 $\phi0.10\sim\phi0.35$ mm。电极丝仅从一个单方向通过加工间隙，不重复使用，避免了因电极丝的损耗而降低加工精度。同时由于走丝速度慢，机床及电极丝的震动小，因此加工过程平稳，加工精度高，可达 0.005 mm，表面粗糙度 Ra ≤0.32 μm。

慢走丝线切割机床的工作液一般采用去离子水、煤油等，生产率较高。

2. 型号

国标规定的数控电火花线切割机床的型号，如 DK7725 的基本含义为：D 为机床的类别代号，表示是电加工机床；K 为机床的特性代号，表示是数控机床；第一个 7 为组代号，表示是电火花加工机床；第二个 7 为系代号(快走丝线切割机床为 7，慢走丝线切割机床为 6，电火花成形机床为 1)；25 为基本参数代号，表示工作台横向行程为 250 mm。

2.3.2　快走丝线切割机床简介

快走丝电火花线切割机床(如图 2-16 所示)主要由机床本体、脉冲电源、数控系统和工作液循环系统组成。机床本体由床身、工作台、走丝系统组成，其中走丝系统包含丝架和储丝筒，实现电极丝的往返运动。脉冲电源和数控系统通常在电源控制箱中。

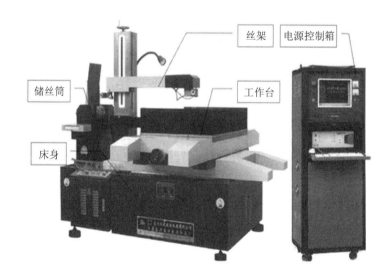

图 2-16　快走丝线切割机床组成

1. 机床本体

(1) 床身。床身一般为铸件，是工作台、绕丝机构及丝架的支撑和固定基础。通常采用箱式结构，应有足够的强度和刚度。床身内部安置电源和工作液箱，考虑电源的发热和工作液泵的振动，有些机床将电源和工作液箱移出床身外另行安放。

(2) 工作台。工作台由上滑板和下滑板组成，电火花线切割机床最终都是通过工作台与电极丝的相对运动来完成对零件加工的。为保证机床精度，对导轨的精度、刚度和耐磨性有较高的要求。一般都采用十字滑板、滚动导轨和丝杆传动副将电动机的旋转运动变为工作台的直线运动,通过两个坐标方面各自的进给移动,可合成获得各种平面图形曲线轨迹。为保证工作台的定位精度和灵敏度,传动丝杆和螺母之间必须消除间隙。

(3) 走丝系统。快走丝电火花线切割机床的走丝系统如图 2~4 所示。走丝系统使电极丝以一定的速度运动并保持一定的张力。在快走丝机床上,一定长度的电极丝平整地卷绕在储丝筒上(如图 2-17 所示),电极丝张力与排绕时的拉紧力有关,储丝筒通过联轴节与驱动电动机相连。为了重复使用该段电极丝,电动机由专门的换向装置控制,做正反向交替运转。走丝速度等于储丝筒周边的线速度,通常为 8~10 m/s。在运动过程中,电极丝由丝架支撑,并依靠导丝轮保持电极丝与工作台垂直或倾斜一定的几何角度(锥度切割时)。

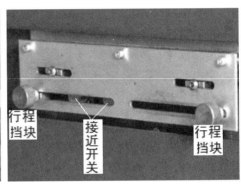

图 2-17 储丝筒

导丝轮:图 2-18 所示的导丝轮又称导向轮或导轮。在线切割加工中,电极丝的丝速通常为 8~10 m/s,如采用固定导向器来定位快速运动的电极丝,即使是高硬度的金刚石,寿命也很短。因此,采用由滚动轴承支撑的导丝轮,利用滚动轴承的高速旋转功能来承担电极丝的高速移动。

导电器:导电器有时又称为导电块,高频电源的负极通过导电器与高速运行的电极丝连接。因此,导电器必须耐磨,而且接触电阻要小。由于切割微粒黏附在电极丝上,导电器磨损后拉出一条凹糟,凹糟会增加电极丝与导电器的摩擦,加大电极丝的纵向振动,影响加工精度和表面粗糙度。因此,导电器要能多次使用。快走丝电火花线切割机床的导电器有两种:一种是圆柱形,电极丝与导电器的圆柱面接触导电,可以做轴向移动和圆周转动,以满足多次使用的要求;另一种是方形或圆形的薄片,电极丝与导电器的面积大的一面接触导电,方形薄片的移动和圆形薄片的转动满足多次使用的要求。导电器的材料都采用硬质合金,既耐磨又导电。

张力调节器:加工时,电极因往复运行,经受交变应力及放电时的热轰击,被伸长了的电极丝张力减小,影响了加工精度和表面粗糙度。没有张力调节器,就需人工紧丝。如果加工大工件,中途紧丝就会在加工表面形成接痕,影响表面粗糙度。张力调节器的作用就是把伸长的丝收入张力调节器,使运行的电极丝保持在一个恒定的张力上,也称恒张力机构。张力调节器如图 2-18 所示。张紧重锤 2 在重力作用下,带动张紧滑块 4,两个张紧轮 5 沿导轨移动,始终保持电极丝处于拉紧状态,保证加工平稳。

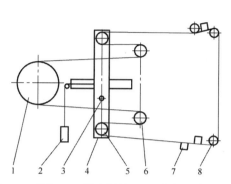

1—储丝筒；2—重锤；3—固定插销；4—张紧滑块；5—张紧轮；6—导丝轮；7—导电块；8—导丝轮

图 2-18　导丝系统组成

2．脉冲电源

电火花线切割加工的脉冲电源与电火花成形加工的脉冲电源在原理上相同，不过受加工表面粗糙度和电极丝允许承载电流的限制，线切割加工脉冲电源的脉宽较窄($2\sim60\,\mu s$)，单个脉冲能量、平均电流($1\sim5$ A)一般较小，所以线切割总是采用正极性加工。

3．数控系统

数控系统在电火花线切割加工中起着重要作用，具体体现在两方面：

(1) 轨迹控制作用。它精确地控制电极丝相对于工件的运动轨迹，使零件获得所需的形状和尺寸。

(2) 加工控制。它能根据放电间隙大小与放电状态控制进给速度，使之与工件材料的蚀除速度相平衡，保持正常的稳定切割加工。

目前绝大部分机床采用数字程序控制，并且普遍采用绘图式编程技术，操作者首先在计算机屏幕上画出要加工的零件图形，线切割专用软件(如 YH 软件、北航海尔的 CAXA 线切割软件)会自动将图形转化为 ISO 代码或 3B 代码等线切割程序。

4．工作液循环系统

工作液循环系统是电火花线切割机床不可缺少的一部分，其主要包括工作液箱、工作液泵、流量控制阀、进液管、回液管和过滤网罩等。工作液的作用是及时地从加工区域中排除电蚀产物，并连续充分供给清洁的工作液，以保证脉冲放电过程稳定而顺利地进行。目前绝大部分快走丝机床的工作液是专用乳化液。乳化液种类繁多，大家可根据相关资料来正确选用。

2.3.3　慢走丝线切割机床简介

同快走丝线切割机床一样，慢走丝线切割机床也是由机床本体、脉冲电源、数控系统等部分组成的，但慢走丝线切割机床的性能大大优于快走丝线切割机床。

1．主体结构

1) 机头结构

机床和锥度切割装置(U，V 轴部分)实现了一体化，并采用了桁架铸造结构，从而大幅度地强化了刚度。

2) 主要部件

精密陶瓷材料大量用于工作臂、工作台固定板、工件固定架、导丝装置等主要部件,实现了高刚度和不易变形。

3) 工作液循环系统

慢走丝线切割机床大多数采用去离子水作为工作液,所以有的机床(如北京阿奇)带有去离子系统(如图2-19所示)。在较精密加工时,慢走丝线切割机床采用绝缘性能较好的煤油作为工作液。

图 2-19　去离子系统

2. 走丝系统

慢走丝线切割机床的电极丝在加工中是单方向运动(即电极丝是一次性使用)的。在走丝过程中,由储丝筒出丝,由电极丝输送轮收丝。慢走丝系统一般由以下几部分组成:储丝筒、导丝机构、导向器、张紧轮、压紧轮、圆柱滚轮、断丝检测器、电极丝输送轮、其他辅助件(如毛毡、毛刷)等。

图 2-20 为日本沙迪克公司某型号线切割机床的电极丝送丝装置结构图,其中某些部件的作用如下:

2—圆柱滚轮　　　可使线电极从线轴平行地输出,且使张力维持稳定

3—导向孔模块　　可使电极丝在张紧轮上正确地进行导向

5—张紧轮　　　　在电极丝上施加必要的张力

6—压紧轮　　　　防止电极丝张力变动的辅助轮

7—毛毡　　　　　去除附着在电极丝上的渣滓

8—断丝检测器　　检查电极丝送进是否正常,若不正常,则发出报警信号,提醒发生电极丝断丝等故障

9—毛刷　　　　　防止电极丝断丝时从轮子上脱出

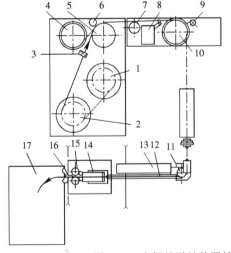

1—储丝筒;
2—圆柱滚轮;
3—导向孔模块;
4、10、11—滚轮;
5—张紧轮;
6—压紧轮;
7—毛毡;
8—断丝检测器;
9—毛刷;
12—导丝管;
13—下臂;
14—接丝装置;
15—电极丝输送轮;
16—废丝孔模块;
17—废丝箱

图 2-20　电极丝送丝装置结构图

从总体来说,慢走丝机床技术含量高,结构复杂,具体结构可以参考相关慢走丝机床说明书。

2.3.4 线切割机床常见的功能

下面简单介绍线切割机床较常见的功能:

(1) 模拟加工功能。模拟显示加工时电极丝的运动轨迹及其坐标。

(2) 短路回退功能。加工过程中若由于进给速度太快而电腐蚀速度慢,在加工时出现短路现象,则控制器会改变加工条件并沿原来的轨迹快速后退,消除短路,防止断丝。

(3) 回原点功能。遇到断丝或其他一些情况,需要回到起割点时,可采用回原点操作。

(4) 单段加工功能。加工完当前段程序后自动暂停,并有相关提示信息,如:

单段停止!按 OFF 键停止加工,按 RST 键继续加工。

此功能主要用于检查程序每一段的执行情况。

(5) 暂停功能。暂时中止当前的功能(如加工、单段加工、模拟、回退等)。

(6) MDI 功能(手动数据输入方式输入程序功能)。可通过操作面板上的键盘,把数控指令逐条输入存储器中。

(7) 进给控制功能。能根据加工间隙的平均电压或放电状态的变化,通过取样、变频电路,不断定期地向计算机发出中断申请,自动调整伺服进给速度,保持平均放电间隙,使加工稳定,提高切割速度和加工精度。

(8) 间隙补偿功能。线切割加工数控系统所控制的是电极丝中心移动的轨迹。因此,加工零件时有补偿量,其大小为单边放电间隙与电极丝半径之和。

(9) 自动找中心功能。电极丝能够自动找正后停在孔中心处。

(10) 信息显示功能。可动态显示程序号、计数长度、电规准参数、切割轨迹图形等参数。

(11) 断丝保护功能。在断丝时,控制机器停在断丝坐标位置上,等待处理,同时高频停止输出脉冲,丝筒停止运转。

(12) 停电记忆功能。可保存全部内存加工程序,当前没有加工完的程序可保持 24 小时,随时可停机。

(13) 断电保护功能。在加工时如果突然发生断电,系统会自动将当时的加工状态记下来,在下次来电加工时,系统自动进入自动方式,并提示:

从断电处开始加工吗?按 OFF 键退出!按 RST 键继续!

这时,如果想继续从断电处开始加工,则按下 RST 键,系统将从断电处开始加工,否则按 OFF 键退出加工。

使用该功能的前提是:不要轻易移动工件和电极丝,否则来电继续加工时,会发生很长时间的回退,影响加工效果,甚至导致工件报废。

(14) 分时控制功能。可以一边进行切割加工,一边编写另外的程序。

(15) 倒切加工功能。从用户编程方向的反方向进行加工,主要用在加工大工件、厚工件时电极丝断丝等场合。电极丝在加工中断丝后穿丝较困难,若从起割点重切,不但耗时间,而且重复加工时,间隙内的污物多,易造成拉弧、断丝。此时应采用倒切加工功能,即回到起始点,用倒切加工完成加工任务。

(16) 平移功能。主要用在切割完当前图形后，在另一个位置加工同样图形等场合。这种功能可以省掉重新画图的时间。

(17) 跳步功能。将多个加工轨迹连接成一个跳步轨迹(如图 2-21 所示)，可以简化加工的操作过程。图 2-21 中，实线为零件形状，虚线为电极丝路径。

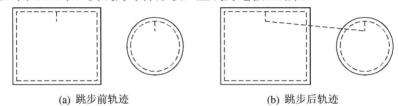

(a) 跳步前轨迹　　　　　　　　　　(b) 跳步后轨迹

图 2-21　轨迹跳步

(18) 任意角度旋转功能。可以大大简化某些轴对称零件的程编工艺，如齿轮只需先画一个齿形，然后让它旋转几次，就可圆满完成。

(19) 代码转换功能。能将 ISO 代码转换为 3B 代码等。

(20) 上下异形功能。可加工出上下表面形状不一致的零件，如上面为圆形，下面为方形等。

习　题

一、判断题

(　　)1. 电火花加工是通过放电产生的热来去除金属，因此可以加工任何硬度材料。

(　　)2. 在电火花加工中，工具和工件存在显著的机械切削力。

(　　)3. 电火花加工和线切割加工的加工原理相同，加工工艺规律相似。

(　　)4. 电火花成形机床可以加工各种塑料零件。

(　　)5. 因局部温度很高，电火花机床不但可以加工可导电的材料，还可以加工不导电的材料。

(　　)6. 为了提高机床性能，数控电火花机床最好配置数控平动头，以提高电极平动范围。

(　　)7. 快走丝线切割机床是中国发明的。

(　　)8. DK7125 中的 25 表示机床 X 轴行程为 250mm。

(　　)9. 电火花机床有 C 轴，则该机床就可以用方形电极加工圆形型腔。

(　　)10. 慢走丝线切割机床的加工速度通常低于快走丝线切割机床的加工速度。

二、单项选择题

1. 下列加工方法中产生的力最小的是(　　)。

A．铣削加工　　　　　B．磨削加工　　　C．车削加工　　　　D．电火花加工

2. 某国产机床型号为 DK7125，其中 D 表示(　　)。

A．线切割机床　　　　B．电加工机床　　C．电火花加工机床　D．数控加工机床

3. 电火花成形机床主要加工对象为(　　)。

A．木材　　　　　　　B．塑料　　　　　C．金属等导电材料　D．陶瓷

4. 下列液体中，最适宜作为电火花成形机床工作液的是(　　)。

A．汽油　　　　　B．矿泉水　　　　C．煤油　　　　　D．自来水

5．下列 ISO 代码中，属于接触感知指令的是(　　)

A．G80　　　　　B．G81　　　　　C．G82　　　　　D．M05

三、问答题

1．电火花加工的物理本质是什么？

2．电火花加工与电火花线切割加工的异同点是什么？

3．电火花机床有哪些常用的功能？

4．线切割机床有哪些常用的功能？

5．认真理解 G00、G92、G54、G80 等指令。若你所使用的机床没有相应的指令，只有类似的中文菜单，如"移动""X 清零""对边"，那么该中文菜单的功能如何用 G 指令实现？

第三章 电火花加工工艺规律

3.1 电火花加工的常用术语

下面介绍电火花加工中常用的主要名词术语和符号。

1. 工具电极

电火花加工用的工具是电火花放电时的电极之一，故称为工具电极，有时简称电极。由于电极的材料常常是铜，因此又称为铜公(如图 3-1 所示)。

2. 放电间隙

放电间隙是放电时工具电极和工件间的距离，它的大小一般在 0.01～0.5 mm 之间，粗加工时间隙较大，精加工时则较小。

3. 脉冲宽度 $t_i(\mu s)$

脉冲宽度简称脉宽(也常用 ON、T_{ON} 等符号表示)，是加到电极和工件上放电间隙两端的电压脉冲的持续时间(如图 3-2 所示)。为了防止电弧烧伤，电火花加工只能用断断续续的脉冲电压波。一般来说，粗加工时可用较大的脉宽，精加工时只能用较小的脉宽。

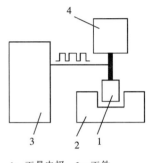

1—工具电极；2—工件；
3—脉冲电源；4—伺服进给系统

图 3-1 电火花加工示意图

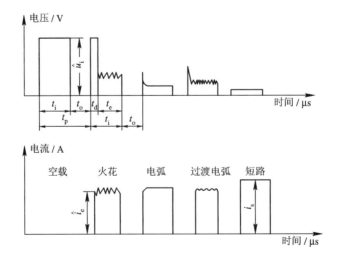

图 3-2 脉冲参数与脉冲电压、电流波形

4. 脉冲间隔 $t_o(\mu s)$

脉冲间隔简称脉间或间隔(也常用 OFF、T_{OFF} 表示)，它是两个电压脉冲之间的间隔时间(如图 3-2 所示)。间隔时间过短，放电间隙来不及消电离和恢复绝缘，容易产生电弧放电，烧伤电极和工件；脉间选得过长，将降低加工生产率。加工面积、加工深度较大时，脉间也应稍大。

5. 放电时间(电流脉宽) $t_e(\mu s)$

放电时间是工作液介质击穿后放电间隙中流过放电电流的时间，即电流脉宽，它比电压脉宽稍小，二者相差一个击穿延时 t_d。t_i 和 t_e 对电火花加工的生产率、表面粗糙度和电极损耗有很大影响，但实际起作用的是电流脉宽 t_e。

6. 击穿延时 $t_d(\mu s)$

3-2

从间隙两端加上脉冲电压后，一般均要经过一小段延续时间 t_d，工作液介质才能被击穿放电，这一小段时间 t_d 称为击穿延时(见图 3-2)。击穿延时 t_d 与平均放电间隙的大小有关，工具欠进给时，平均放电间隙变大，平均击穿延时 t_d 就大；反之，工具过进给时，放电间隙变小，t_d 也就小。

7. 脉冲周期 $t_p(\mu s)$

一个电压脉冲开始到下一个电压脉冲开始之间的时间称为脉冲周期，显然，$t_p=t_i+t_o$(见图 3-2)。

8. 脉冲频率 $f_p(Hz)$

脉冲频率是指单位时间内电源发出的脉冲个数。显然，它与脉冲周期 t_p 互为倒数，即

$$f_p = \frac{1}{t_p}$$

9. 有效脉冲频率 $f_e(Hz)$

有效脉冲频率是单位时间内在放电间隙上发生有效放电的次数，又称工作脉冲频率。

10. 脉冲利用率 λ

脉冲利用率 λ 是有效脉冲频率 f_e 与脉冲频率 f_p 之比，又称频率比，即

$$\lambda = \frac{f_e}{f_p}$$

亦即单位时间内有效火花脉冲个数与该单位时间内的总脉冲个数之比。

11. 脉宽系数 τ

脉宽系数是脉冲宽度 t_i 与脉冲周期 t_p 之比，其计算公式为

$$\tau = \frac{t_i}{t_p} = \frac{t_i}{t_i + t_o}$$

12．占空比 ψ

占空比是脉冲宽度 t_i 与脉冲间隔 t_0 之比，即 $\psi=t_i/t_0$。粗加工时占空比一般较大，精加工时占空比应较小，否则放电间隙来不及消电离恢复绝缘，容易引起电弧放电。

13．开路电压或峰值电压 $\hat{u}_i$ (V)

开路电压是间隙开路和间隙击穿之前 t_d 时间内电极间的最高电压(见图 3-2)。一般晶体管方波脉冲电源的峰值电压 $\hat{u}_i$ =60～80 V，高低压复合脉冲电源的高压峰值电压为 175～300 V。峰值电压高时，放电间隙大，生产率高，但成形复制精度较差。

14．火花维持电压

火花维持电压是每次火花击穿后，在放电间隙上火花放电时的维持电压，一般在 25 V 左右，但它实际是一个高频振荡的电压(见图 3-2)。

15．加工电压或间隙平均电压 U (V)

加工电压或间隙平均电压是指加工时电压表上指示的放电间隙两端的平均电压，它是多个开路电压、火花放电维持电压、短路和脉冲间隔等电压的平均值。

16．加工电流 I (A)

加工电流是加工时电流表上指示的流过放电间隙的平均电流。加工电流精加工时小，粗加工时大，间隙偏开路时小，间隙合理或偏短路时则大。

17．短路电流 I_s (A)

短路电流是放电间隙短路时电流表上指示的平均电流。它比正常加工时的平均电流要大 20%～40%。

18．峰值电流 $\hat{i}_e$ (A)

峰值电流是间隙火花放电时脉冲电流的最大值(瞬时)，在日本、英国、美国常用 I_p 表示(见图 3-2)。虽然峰值电流不易测量，但它是影响加工速度、表面质量等的重要参数。在设计制造脉冲电源时，每一功率放大管的峰值电流是预先计算好的，选择峰值电流实际是选择几个功率管进行加工。

19．短路峰值电流 $\hat{i}_s$ (A)

短路峰值电流是间隙短路时脉冲电流的最大值(见图 3-2)，它比峰值电流要大 20%～40%，与短路电流 I_s 相差一个脉宽系数的倍数，即 $I_s = \tau \cdot \hat{i}_s$。

20．放电状态

放电状态是指电火花放电间隙内每一个脉冲放电时的基本状态。一般分为五种放电状态和脉冲类型(见图 3-2)。

1) 开路(空载脉冲)

放电间隙没有击穿，间隙上有大于 50 V 的电压，但间隙内没有电流流过，为空载状态。

2) 火花放电(工作脉冲，或称有效脉冲)

间隙内绝缘性能良好，工作液介质被击穿后能有效地抛出、蚀除金属。其波形特点是：电压上有 t_d、t_e 和 i_e，波形上有高频振荡的小锯齿。

3) 短路(短路脉冲)

放电间隙直接短路，这是由于伺服进给系统瞬时进给过多或放电间隙中有电蚀产物搭接所致。间隙短路时电流较大，但间隙两端的电压很小，没有蚀除加工作用。

4) 电弧放电(稳定电弧放电)

由于排屑不良，放电点集中在某一局部而不分散，导致局部热量积累，温度升高，如此恶性循环，此时火花放电就成为电弧放电。由于放电点固定在某一点或某一局部，因此称为稳定电弧，常使电极表面积炭、烧伤。电弧放电的波形特点是击穿延时和高频振荡的小锯齿基本消失。

5) 过渡电弧放电(不稳定电弧放电，或称不稳定火花放电)

过渡电弧放电是正常火花放电与稳定电弧放电的过渡状态，是稳定电弧放电的前兆。波形特点是击穿延时很小或接近于零，仅成为一尖刺，电压电流表上的高频分量变低或成为稀疏的锯齿形。

以上各种放电状态在实际加工中是交替、概率性地出现的(与加工规准和进给量、冲油、工作液污染等有关)，甚至在一次单脉冲放电过程中，也可能交替出现两种以上的放电状态。

3.2 影响材料放电腐蚀的因素

电火花加工中，工具电极和工件同时遭受到不同程度的放电腐蚀(简称电蚀)，工具电极电蚀的速度和工件电蚀的速度并不一致。在实际中，深入研究放电腐蚀的规律和机理，尽可能提高工件电蚀的速度，对于提高电火花加工生产率具有重要的意义。

1．极性效应对电蚀量的影响

在电火花加工时，相同材料(如用钢电极加工钢)两电极的被腐蚀量是不同的。其中一个电极比另一个电极的蚀除量大，这种现象叫作极性效应。如果两电极材料不同，则极性效应更加明显。在生产中，将工件接脉冲电源正极(工具电极接脉冲电源负极)的加工称为正极性加工(如图 3-3 所示)，反之称为负极性加工(如图 3-4 所示)。

3-3

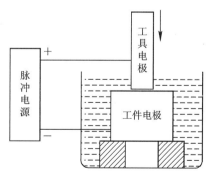

图 3-3 "正极性"接线法　　　图 3-4 "负极性"接线法

在实际加工中，极性效应受到电极及电极材料、加工介质、电源种类、单个脉冲能量等多种因素的影响，其中主要原因是脉冲宽度。

在电场的作用下，放电通道中的电子奔向正极，正离子奔向负极。在窄脉冲宽度加工时，由于电子惯性小，运动灵活，大量的电子奔向正极，并轰击正极表面，使正极表面迅速熔化和气化；而正离子惯性大，运动缓慢，只有一小部分能够到达负极表面，而大量的正离子不能到达，因此电子的轰击作用大于正离子的轰击作用，正极的电蚀量大于负极的电蚀量，这时应采用正极性加工。在宽脉冲宽度加工时，因为质量和惯性都大的正离子将有足够的时间到达负极表面，由于正离子的质量大，它对负极表面的轰击破坏作用要比电子强，同时到达负极的正离子又会牵制电子的运动，故负极的电蚀量将大于正极，这时应采用负极性加工。

在实际加工中，要充分利用极性效应，正确选择极性，最大限度地提高工件的蚀除量，降低工具电极的损耗。

3-4

2．覆盖效应对电蚀量的影响

在材料放电腐蚀过程中，一个电极的电蚀产物转移到另一个电极表面上，形成一定厚度的覆盖层，这种现象叫作覆盖效应。合理利用覆盖效应，有利于降低电极损耗。

在油类介质中加工时，覆盖层主要是石墨化的碳素层，其次是粘附在电极表面的金属微粒黏结层。碳素层的生成条件主要有以下几点：

(1) 要有足够高的温度。电极上待覆盖部分的表面温度不低于碳素层生成温度，但要低于熔点，以使碳粒子烧结成石墨化的耐蚀层。

(2) 要有足够多的电蚀产物，尤其是介质的热解产物——碳粒子。

(3) 要有足够的时间，以便在这一表面上形成一定厚度的碳素层。

(4) 一般采用负极性加工，因为碳素层易在阳极表面生成。

(5) 必须在油类介质中加工。

影响覆盖效应的主要因素有如下几个：

(1) 脉冲参数与波形的影响。增大脉冲放电能量有助于覆盖层的生长，但对中、精加工有相当大的局限性；减小脉冲间隔有利于在各种电规准下生成覆盖层，但若脉冲间隔过小，正常的火花放电有转变为破坏性电弧放电的危险。此外，采用某些组合脉冲波加工，有助于覆盖层的生成，其作用类似于减小脉冲间隔，并且可大大减少转变为破坏性电弧放电的危险。

(2) 电极对材料的影响。铜加工钢时覆盖效应较明显，但铜电极加工硬质合金工件则不大容易生成覆盖层。

(3) 工作液的影响。油类工作液在放电产生的高温作用下，生成大量的碳粒子，有助于碳素层的生成。如果用水作工作液，则不会产生碳素层。

(4) 工艺条件的影响。覆盖层的形成还与间隙状态有关。如工作液脏、电极截面面积较大、电极间隙较小、加工状态较稳定等情况均有助于生成覆盖层。但若加工中冲油压力太大，则较难生成覆盖层。这是因为冲油会使趋向电极表面的微粒运动加剧，而微粒无法粘附到电极表面上去。

在电火花加工中，覆盖层不断形成，又不断被破坏。为了实现电极低损耗，达到提高加工精度的目的，最好使覆盖层形成与破坏的程度达到动态平衡。

3．电参数对电蚀量的影响

电火花加工过程中腐蚀金属的量(即电蚀量)与单个脉冲能量、脉冲效率等电参数密切相关。

单个脉冲能量与平均放电电压、平均放电电流和脉冲宽度成正比。在实际加工中，其中击穿后的放电电压与电极材料及工作液种类有关，而且在放电过程中变化很小，所以单个脉冲能量的大小主要取决于平均放电电流和脉冲宽度的大小。

由上可见，要提高电蚀量，应增加平均放电电流、脉冲宽度及提高脉冲频率。

但在实际生产中，这些因素往往是相互制约的，并影响到其他工艺指标，应根据具体情况综合考虑。例如，增加平均放电电流，加工表面粗糙度值也随之增大。

4．金属材料对电蚀量的影响

正负电极表面电蚀量分配不均除了与电极极性有关外，还与电极的材料有很大关系。当脉冲放电能量相同时，金属工件的熔点、沸点、比热容、熔化热、气化热等愈高，电蚀量将愈少，愈难加工；导热系数愈大的金属，因能把较多的热量传导、散失到其他部位，故降低了本身的蚀除量。因此，电极的蚀除量与电极材料的导热系数及其他热学常数等有密切的关系。

一般来说，工件电极即被加工材料往往在设计时就已经确定好，可选择的余地较小。所以，在实际生产中，应根据工件电极的材料合理选择工具电极的材料。

5．工作液对电蚀量的影响

电火花加工一般在液体介质中进行。液体介质通常叫作工作液，其作用主要是：

(1) 压缩放电通道，并限制其扩展，使放电能量高度集中在极小的区域内，既加强了蚀除的效果，又提高了放电仿型的精确性。

(2) 加速电极间隙的冷却和消电离过程，有助于防止出现破坏性电弧放电。

(3) 加速电蚀产物的排除。

(4) 加剧放电的流体动力过程，有助于金属的抛出。

由此可见，工作液是参与放电蚀除过程的重要因素，它的种类、成分和性质势必影响加工的工艺指标。

目前，电火花成形加工多采用油类作工作液。机油黏度大、燃点高，用它作工作液有利于压缩放电通道，提高放电的能量密度，强化电蚀产物的抛出效果，但黏度大不利于电蚀产物的排除，影响正常放电；煤油黏度低，流动性好，但排屑条件较好。

在粗加工时，要求速度快，放电能量大，放电间隙大，故常选用机油等黏度大的工作液；在中、精加工时，放电间隙小，往往采用煤油等黏度小的工作液。

采用水作工作液是值得注意的一个方向。用各种油类以及其他碳氢化合物作工作液时，在放电过程中不可避免地产生大量炭黑，严重影响电蚀产物的排除及加工速度，这种影响在精密加工中尤为明显。若采用酒精作工作液，则因为炭黑生成量减少，上述情况会有好转。所以，最好采用不含碳的介质，水是最方便的一种。此外，水还具有流动性好、散热性好、不易起弧、不燃、无味、价廉等特点。但普通水是弱导电液，会产生离子导电的电解过程，这是很不利的，目前还只在某些大能量粗加工中采用。

在精密加工中，可采用比较纯的蒸馏水、去离子水或乙醇水溶液来作工作液，其绝缘强度比普通水高。

在电火花线切割加工中，快走丝机床常用乳化液作为工作液，慢走丝机床常用去离子水、煤油作为工作液。

3.3 电火花加工工艺规律

电火花成形加工的主要工艺指标有加工速度、电极损耗、表面粗糙度、加工精度和表面变化层的机械性能等。影响工艺指标的因素很多，诸因素的变化都将引起工艺指标相应的变化。

3.3.1 影响加工速度的主要因素

电火花成形加工的加工速度，是指在一定电规准下，单位时间 t 内工件被蚀除的体积 V 或质量 m。一般常用体积加工速度 $v_w=V/t$(单位为 mm^3/min)来表示，有时为了测量方便，也用质量加工速度 $v_m=m/t$(单位为 g/min)表示。

在规定的表面粗糙度、规定的相对电极损耗下的最大加工速度是电火花机床的重要工艺性能指标。一般电火花机床说明书上所指的最高加工速度是该机床在最佳状态下所达到的，在实际生产中的正常加工速度大大低于机床的最大加工速度。

影响加工速度的因素分电参数和非电参数两大类。电参数主要是脉冲电源输出波形与参数；非电参数包括加工面积、深度、工作液种类、冲油方式、排屑条件及电极对的材料和形状等。

1. 电规准的影响

所谓电规准，是指电火花加工时选用的电加工参数，主要有脉冲宽度 $t_i(\mu s)$、脉冲间隙 $t_o(\mu s)$ 和峰值电流 I_p 等参数。

3-5

1) 脉冲宽度的影响

单个脉冲能量的大小是影响加工速度的重要因素。对于矩形波脉冲电源，当峰值电流一定时，脉冲能量与脉冲宽度成正比。脉冲宽度增加，加工速度随之增加，因为随着脉冲宽度的增加，单个脉冲能量增大，使加工速度提高。但若脉冲宽度过大，加工速度反而下降(如图 3-5 所示)。这是因为单个脉冲能量虽然增大，但转换的热能有较大部分散失在电极与工件之中，不起蚀除作用。同时，在其他加工条件相同时，随着脉冲能量过分增大，蚀除产物增多，排气排屑条件恶化，间隙消电离时间不足导致拉弧，加工稳定性变差，因此加工速度反而降低。

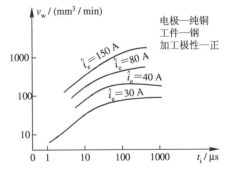

图 3-5 脉冲宽度与加工速度的关系曲线

2) 脉冲间隔的影响

在脉冲宽度一定的条件下，若脉冲间隔减小，则加工速度提高(如图 3-6 所示)。这是因为脉冲间隔减小导致单位时间内工作脉冲数目增多、加工电流增大，故加工速度提高；但若脉冲间隔过小，会因放电间隙来不及消电离引起加工稳定性变差，导致加工速度降低。

在脉冲宽度一定的条件下，为了最大限度地提高加工速度，应在保证稳定加工的同时，尽量缩短脉冲间隔时间。带有脉冲间隔自适应控制的脉冲电源，能够根据放电间隙的状态，在一定范围内调节脉冲间隔的大小，这样既能保证稳定加工，又可以获得较大的加工速度。

3) 峰值电流的影响

当脉冲宽度和脉冲间隔一定时，随着峰值电流的增加，加工速度也增加(如图 3-7 所示)。因为加大峰值电流等于加大单个脉冲能量，所以加工速度也就提高了。但若峰值电流过大(即单个脉冲放电能量很大)，加工速度反而下降。

此外，峰值电流增大将降低工件表面粗糙度和增加电极损耗。在生产中，应根据不同的要求，选择合适的峰值电流。

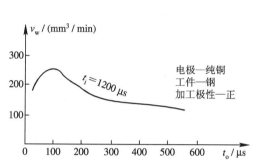

图 3-6　脉冲间隔与加工速度的关系曲线

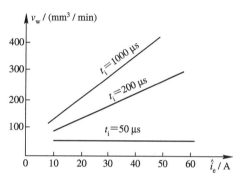

图 3-7　峰值电流与加工速度的关系曲线

2. 非电参数的影响

1) 加工面积的影响

图 3-8 是加工面积与加工速度的关系曲线。由图可知，加工面积较大时，它对加工速度没有多大影响。但加工面积小到某一临界面积时，加工速度会显著降低，这种现象叫作"面积效应"。由于加工面积小，在单位面积上脉冲放电过分集中，致使放电间隙的电蚀产物排除不畅，同时会产生气体排除液体的现象，造成放电加工在气体介质中进行，因而大大降低加工速度。

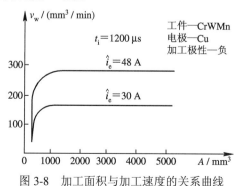

图 3-8　加工面积与加工速度的关系曲线

从图 3-8 中可看出，峰值电流不同，最小临界加工面积也不同。因此，确定一个具体加工对象的电参数时，首先必须根据加工面积确定工作电流，并估算所需的峰值电流。

2) 排屑条件的影响

在电火花加工过程中会不断产生气体、金属屑末和炭黑等，如不及时排除，则加工很难稳定地进行。加工稳定性不好，会使脉冲利用率降低，加工速度降低。为便于排屑，一般都采用冲油(或抽油)和电极抬起的办法。

(1) 冲(抽)油压力的影响。在加工中对于工件型腔较浅或易于排屑的型腔，可以不采取任何辅助排屑措施。但对于较难排屑的加工，不冲(抽)油或冲(抽)油压力过小，则因排屑不良产生的二次放电的机会明显增多，从而导致加工速度下降；但若冲(抽)油压力过大，加工速度同样会降低。这是因为冲(抽)油压力过大，产生干扰，使加工稳定性变差，故加工速度反而会降低。图 3-9 是冲油压力和加工速度的关系曲线。

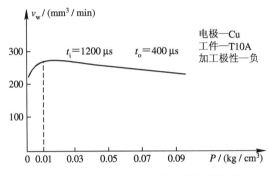

图 3-9 冲油压力和加工速度的关系曲线

冲(抽)油的方式与冲(抽)油压力大小应根据实际加工情况来定。若型腔较深或加工面积较大，冲(抽)油压力要相应增大。

(2) "抬刀"对加工速度的影响。为使放电间隙中的电蚀产物迅速排除，除采用冲(抽)油外，还需经常抬起电极以利于排屑。在定时"抬刀"状态，会发生放电间隙状况良好无需"抬刀"而电极却照样抬起的情况，也会出现当放电间隙的电蚀产物积聚较多急需"抬刀"时而"抬刀"时间未到却不"抬刀"的情况。这种多余的"抬刀"运动和未及时"抬刀"都直接降低了加工速度。为克服定时"抬刀"的缺点，目前较先进的电火花机床都采用了自适应"抬刀"功能。自适应"抬刀"是根据放电间隙的状态，决定是否"抬刀"的。若放电间隙状态不好，电蚀产物堆积多，"抬刀"频率就自动加快；若放电间隙状态好，电极就少抬起或不抬。这使电蚀产物的产生与排除基本保持平衡，避免了不必要的电极抬起运动，提高了加工速度。

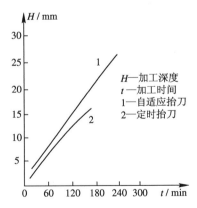

图 3-10 为抬刀方式对加工速度的影响。由图可知，同样加工深度时，采用自适应"抬刀"比定时"抬刀"需要的加工时间短，即加工速度高。同时，采用自适应"抬刀"时，加工工件质量好，不易出现拉弧烧伤。

图 3-10 抬刀方式对加工速度的影响

3) 电极材料和加工极性的影响

在电参数选定的条件下，采用不同的电极材料与加工极性，加工速度也大不相同。由图 3-11 可知，采用石墨电极，在同样加工电流时，正极性比负极性加工速度高。

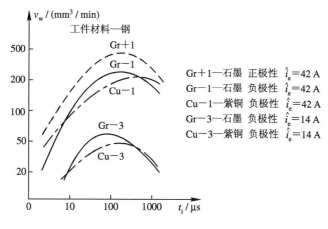

图 3-11 电极材料和加工极性对加工速度的影响

在加工中选择极性，不能只考虑加工速度，还必须考虑电极损耗。如用石墨作电极时，正极性加工比负极性加工速度高，但在粗加工中，电极损耗会很大。故在不计电极损耗的通孔加工、取折断工具等情况下，采用正极性加工；而在用石墨电极加工型腔的过程中，常采用负极性加工。

从图 3-11 中还可看出，在同样加工条件和加工极性情况下，采用不同的电极材料，加工速度也不相同。例如，中等脉冲宽度、负极性加工时，石墨电极的加工速度高于铜电极的加工速度。在脉冲宽度较窄或很宽时，铜电极加工速度高于石墨电极。

由上所述可知，电极材料对电火花加工非常重要，正确选择电极材料是电火花加工首要考虑的问题。

4) 工件材料的影响

在同样加工条件下，选用不同工件材料，加工速度也不同。这主要取决于工件材料的物理性能(熔点、沸点、比热、导热系数、熔化热和汽化热等)。

一般说来，工件材料的熔点、沸点越高，比热、熔化热和汽化热越大，加工速度越低，即越难加工。如加工硬质合金钢比加工碳素钢的速度要低 40%～60%。对于导热系数很高的工件，虽然熔点、沸点、熔化热和汽化热不高，但因热传导性好，热量散失快，加工速度也会降低。

5) 工作液的影响

在电火花加工中，工作液的种类、黏度、清洁度对加工速度有影响。就工作液的种类来说，大致顺序是：高压水 > 煤油＋机油 > 煤油 > 酒精水溶液。在电火花成形加工中，应用最多的工作液是煤油。

3.3.2 影响电极损耗的主要因素

3-7

电极损耗是电火花成形加工中的重要工艺指标。在生产中，衡量某种工具电极是否耐损耗，不只是看工具电极损耗速度 v_E 的绝对值大小，还要看同时达到的加工

速度 v_w，即每蚀除单位重量金属工件时，工具相对损耗多少。因此，常用相对损耗或损耗比 θ 作为衡量工具电极耐损耗的指标，即

$$\theta = \frac{v_E}{v_w} \times 100\%$$

式中的加工速度和损耗速度若以 mm³/min 为单位计算，则为体积相对损耗 θ；若以 g/min 为单位计算，则为重量相对损耗 θ_E；若以工具电极损耗长度与工件加工深度之比来表示，则为长度相对损耗 θ_L。在加工中采用长度相对损耗比较直观，测量较为方便(如图 3-12 所示)，但由于电极部位不同，损耗不同，因此长度相对损耗还分为端面损耗、边损耗、角损耗。在加工中，同一电极的长度相对损耗大小顺序为：角损耗 > 边损耗 > 端面损耗。

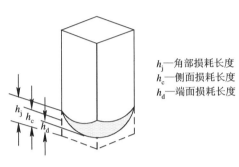

h_j——角部损耗长度
h_c——侧面损耗长度
h_d——端面损耗长度

图 3-12　电极损耗长度说明图

电火花加工中，电极的相对损耗小于 1%，称为低损耗电火花加工。低损耗电火花加工能最大限度地保持加工精度，所需电极的数目也可减至最小，因而简化了电极的制造，加工工件的表面粗糙度 Ra 可达 3.2 μm 以下。除了充分利用电火花加工的极性效应、覆盖效应及选择合适的工具电极材料外，还可从改善工作液方面着手，实现电火花的低损耗加工。若采用加入各种添加剂的水基工作液，还可实现对紫铜或铸铁电极小于 1%的低损耗电火花加工。

1. 电参数对电极损耗的影响

1) 脉冲宽度的影响

在峰值电流一定的情况下，随着脉冲宽度的减小，电极损耗增大。脉冲宽度越窄，电极损耗 θ 上升的趋势越明显(如图 3-13 所示)。所以精加工时的电极损耗比粗加工时的电极损耗大。

脉冲宽度增大，电极相对损耗降低的原因总结如下：

(1) 脉冲宽度增大，单位时间内脉冲放电次数减少，使放电击穿引起电极损耗的影响减少。同

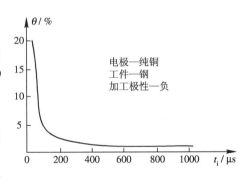

图 3-13　脉冲宽度与电极相对损耗的关系

时，负极(工件)承受正离子轰击的机会增多，正离子加速的时间也长，极性效应比较明显。

(2) 脉冲宽度增大，电极"覆盖效应"增加，也减少了电极损耗。在加工中电蚀产物(包括被熔化的金属和工作液受热分解的产物)不断沉积在电极表面，对电极的损耗起补偿作用。但如这种飞溅沉积的量大于电极本身损耗，就会破坏电极的形状和尺寸，影响加工效果；如飞溅沉积的量恰好等于电极的损耗，两者达到动态平衡，则可得到无损耗加工。由于电极端面、角部、侧面损耗的不均匀性，因此无损耗加工是难以实现的。

2) 峰值电流的影响

对于一定的脉冲宽度，加工时的峰值电流不同，电极损耗也不同。

用紫铜电极加工钢时，随着峰值电流的增加，电极损耗也增加。图 3-14 是峰值电流对电极相对损耗的影响。由图可知，要降低电极损耗，应减小峰值电流。因此，对一些不适宜用长脉冲宽度粗加工而又要求损耗小的工件，应使用窄脉冲宽度、低峰值电流的方法。

由上可见，脉冲宽度和峰值电流对电极损耗的影响效果是综合性的。只有脉冲宽度和峰值电流保持一定关系，才能实现低损耗加工。

3) 脉冲间隔的影响

在脉冲宽度不变时，随着脉冲间隔的增加，电极损耗增大(如图 3-15 所示)。因为脉冲间隔加大，引起放电间隙中介质消电离状态的变化，使电极上的"覆盖效应"减少。

随着脉冲间隔的减小，电极损耗也随之减少，但超过一定限度，放电间隙将来不及消电离而造成拉弧烧伤，反而影响正常加工的进行。尤其是粗规准、大电流加工时，更应注意。

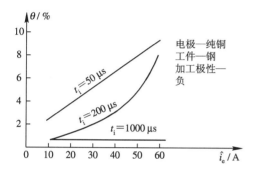

图 3-14 峰值电流与电极相对损耗的关系

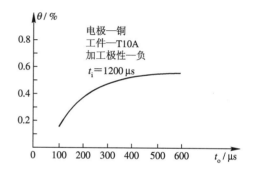

图 3-15 脉冲间隔对电极相对损耗的影响

4) 加工极性的影响

在其他加工条件相同的情况下，加工极性不同对电极损耗影响很大(如图 3-16 所示)。当脉冲宽度 t_i 小于某一数值时，正极性损耗小于负极性损耗；反之，当脉冲宽度 t_i 大于某一数值时，负极性损耗小于正极性损耗。一般情况下，采用石墨电极和铜电极加工钢时，粗加工用负极性，精加工用正极性。但在钢电极加工钢时，无论粗加工或精加工都要用负极性，否则电极损耗将大大增加。

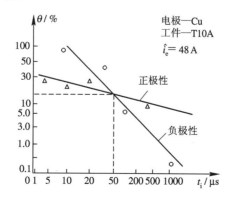

图 3-16 加工极性对电极相对损耗的影响

2. 非电参数对电极损耗的影响

1) 加工面积的影响

在脉冲宽度和峰值电流一定的条件下，加工面积对电极损耗影响不大，是非线性的(如图 3-17 所示)。当电极相对损耗小于 1%，并随着加工面积的继续增大，电极损耗减小的趋势越来越慢。当加工面积过小时，随着加工面积的减小，电极损耗将急剧增加。

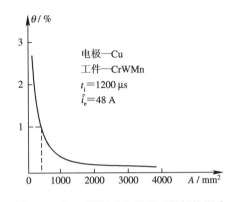

图 3-17 加工面积对电极相对损耗的影响

2) 冲油或抽油的影响(如图 3-18 所示)

由前面所述，对形状复杂、深度较大的型孔或型腔进行加工时，若采用适当的冲油或抽油的方法进行排屑，有助于提高加工速度。但另一方面，冲油或抽油压力过大反而会加大电极的损耗。因为强迫冲油或抽油会使加工间隙的排屑和消电离速度加快，这样减弱了电极上的"覆盖效应"。当然，不同的工具电极材料对冲油、抽油的敏感性不同。如用石墨电极加工时，电极损耗受冲油压力的影响较小；而紫铜电极损耗受冲油压力的影响较大。

由上可知，在电火花成形加工中，应谨慎使用冲、抽油。加工本身较易进行且稳定的电火花加工，不宜采用冲、抽油；若非采用冲、抽油不可的电火花加工，也应注意冲、抽油压力维持在较小的范围内。

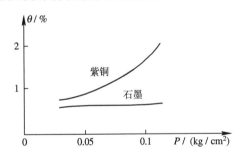

图 3-18 冲油压力对电极相对损耗的影响

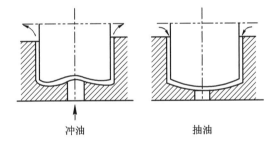

图 3-19 冲/抽油方式对电极端部损耗的影响

冲、抽油方式对电极损耗无明显影响，但对电极端面损耗的均匀性有较大区别。冲油时电极损耗呈凹形端面，抽油时则形成凸形端面(如图 3-19 所示)。这主要是因为冲油进口处所含各种杂质较少，温度比较低，流速较快，使进口处"覆盖效应"减弱的缘故。

实践证明，当油孔的位置与电极的形状对称时用交替冲油和抽油的方法，可使冲油或抽油所造成的电极端面形状的缺陷互相抵消，得到较平整的端面。另外，采用脉动冲油(冲油不连续)或抽油比连续地冲油或抽油的效果好。

3) 电极的形状和尺寸的影响

在电极材料、电参数和其他工艺条件完全相同的情况下，电极的形状和尺寸对电极损耗影响也很大(如电极的尖角、棱边、薄片等)。如图 3-20(a)所示的型腔，用整体电极加工较困难。在实际中首先加工主型腔，如图 3-20(b)所示，再用小电极加工副型腔，如图 3-20(c)所示。

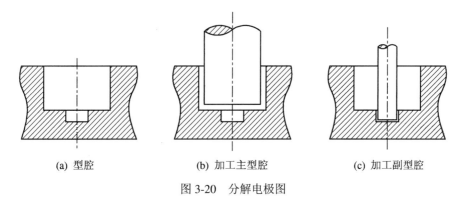

|(a) 型腔|(b) 加工主型腔|(c) 加工副型腔|

图 3-20 分解电极图

4) 工具电极材料的影响

工具电极损耗与其材料有关，损耗的大致顺序如下：银钨合金 < 铜钨合金 < 石墨(粗规准) < 紫铜 < 钢 < 铸铁 < 黄铜 < 铝。

影响电极损耗的因素较多，现总结为表 3-1。

表 3-1 影响电极损耗的因素

因　素	说　明	减少损耗条件
脉冲宽度	脉宽愈大，损耗愈小，至一定数值后，损耗可降低至小于1%	脉宽足够大
峰值电流	峰值电流增大，电极损耗增加	减小峰值电流
加工面积	影响不大	大于最小加工面积
极性	影响很大。应根据不同电源、不同电规准、不同工作液、不同电极材料、不同工件材料，选择合适的极性	一般脉宽大时用正极性，小时用负极性，钢电极用负极性
电极材料	常用电极材料中黄铜的损耗最大，紫铜、铸铁、钢次之，石墨和铜钨、银钨合金较小。紫铜在一定的电规准和工艺条件下，也可以得到低损耗加工	石墨作粗加工电极，紫铜作精加工电极
工件材料	加工硬质合金工件时电极损耗比钢工件大	用高压脉冲加工或用水作工作液，在一定条件下可降低损耗
工作液	常用的煤油、机油获得低损耗加工需具备一定的工艺条件；水和水溶液比煤油容易实现低损耗加工(在一定条件下)，如硬质合金工件的低损耗加工，黄铜和钢电极的低损耗加工	
排屑条件和二次放电	在损耗较小的规准下加工时，排屑条件愈好则损耗愈大，如紫铜；有些电极材料则对此不敏感，如石墨。在损耗较大的规准下加工时，二次放电会使损耗增加	在许可条件下，最好不采用强迫冲(抽)油

3.3.3 影响表面粗糙度的主要因素

3-8

表面粗糙度是指加工表面上的微观几何形状误差。电火花加工表面粗糙度的形成与切削加工不同，它是由若干电蚀小凹坑组成的，能存润滑油，其耐磨性比同样粗糙度的机加工表面要好。在相同表面粗糙度的情况下，电加工表面比机加工表面亮度低。

工件的电火花加工表面粗糙度直接影响其使用性能，如耐磨性、配合性、接触刚度、疲劳强度和抗腐蚀性等。尤其对于高速、高压条件下工作的模具和零件，其表面粗糙度往往决定其使用性能和使用寿命。

电火花加工工件表面的凹坑大小与单个脉冲放电能量有关，单个脉冲能量越大，则凹坑越大。若把粗糙度值大小简单地看成与电蚀凹坑的深度成正比，则电火花加工表面粗糙度随单个脉冲能量的增加而增大。

当峰值电流一定时，脉冲宽度越大，单个脉冲的能量就越大，放电腐蚀的凹坑也越大、越深，所以表面粗糙度就越差。

在脉冲宽度一定的条件下，随着峰值电流的增加，单个脉冲能量也增加，表面粗糙度就变差。

在一定的脉冲能量下，不同的工件电极材料表面粗糙度值大小不同，熔点高的材料表面粗糙度值要比熔点低的材料小。

工具电极表面的粗糙度值大小也影响工件的加工表面粗糙度值。例如，石墨电极表面比较粗糙，因此它加工出的工件表面粗糙度值也大。

由于电极的相对运动，工件侧边的表面粗糙度值比端面小。

干净的工作液有利于得到理想的表面粗糙度。因为工作液中含蚀除产物等杂质越多，越容易发生积炭等不利状况，从而影响表面粗糙度。

3.3.4 影响加工精度的主要因素

3-9

电火花加工精度包括尺寸精度和仿型精度(或形状精度)。影响精度的因素很多，这里重点探讨与电火花加工工艺有关的因素。

1. 放电间隙

电火花加工中，工具电极与工件间存在着放电间隙，因此工件的尺寸、形状与工具并不一致。如果加工过程中放电间隙是常数，根据工件加工表面的尺寸、形状可以预先对工具尺寸、形状进行修正。但放电间隙是随电参数、电极材料、工作液的绝缘性能等因素变化而变化的，从而影响了加工精度。

间隙大小对形状精度也有影响，间隙越大，则复制精度越差，特别是对复杂形状的加工表面。如电极为尖角时，由于放电间隙的等距离，工件则为圆角。因此，为了减少加工尺寸误差，应该采用较粗的加工规准，缩小放电间隙，另外还必须尽可能使加工过程稳定。放电间隙在精加工时一般为 0.01～0.1 mm，粗加工时可达 0.5 mm 以上(单边)。

2. 加工斜度

电火花加工时，产生斜度的情况如图 3-21 所示。由于工具电极下面部分加工时间长，损耗大，因此电极变小，而入口处由于电蚀产物的存在，易发生因电蚀产物的介入而再次进行的非正常放电(即"二次放电")，因而产生加工斜度。

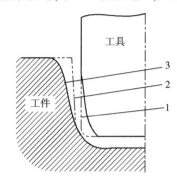

1—电极无损耗时的工具轮廓线；
2—电极有损耗而不考虑二次放电时的工件轮廓线；
3—实际工件轮廓线

图 3-21   电火花加工时产生的斜度

3. 工具电极的损耗

在电火花加工中，随着加工深度的不断增加，工具电极进入放电区域的时间是从端部向上逐渐减少的。实际上，工件侧壁主要是靠工具电极底部端面的周边加工出来的。因此，电极的损耗也必然从端面底部向上逐渐减少，从而形成了损耗锥度(如图 3-22 所示)，工具电极的损耗锥度反映到工件上是加工斜度。

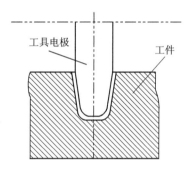

图 3-22   工具斜度图形

3.3.5 电火花加工表面变化层和机械性能

1. 表面变化层

在电火花加工过程中，工件在放电瞬时的高温和工作液迅速冷却的作用下，表面层发生了很大变化。这种表面变化层的厚度大约在 0.01～0.5 mm 之间，一般将其分为熔化层和热影响层，如图 3-23 所示。

1) 熔化层

熔化层位于电火花加工后工件表面的最上层，它被电火花脉冲放电产生的瞬时高温所熔化，又受到周围工作液介质的快速冷却作用而凝固。对于碳

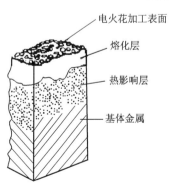

3-10

图 3-23   电火花加工表面变化层

钢来说，熔化层在金相照片上呈现白色，故又称为白层。白层与基体金属完全不同，是一种树枝状的淬火铸造组织，与内层的结合不很牢固。熔化层中有渗碳、渗金属、气孔及其他夹杂物。熔化层厚度随脉冲能量增大而变厚，一般为 0.01～0.1 mm。

2) 热影响层

热影响层位于熔化层和基体之间，热影响层的金属被熔化，只是受热的影响而没有发生金相组织变化，它与基体没有明显的界线。由于加工材料及加工前热处理状态及加工脉冲参数的不同，热影响层的变化也不同。对淬火钢将产生二次淬火区、高温回火区和低温回火区；对未淬火钢而言主要是产生淬火区。

3) 显微裂纹

电火花加工中，加工表面层受高温作用后又迅速冷却而产生残余拉应力。在脉冲能量较大时，表面层甚至出现细微裂纹，裂纹主要产生在熔化层，只有脉冲能量很大时才扩展到热影响层。不同材料对裂纹的敏感性也不同，硬脆材料容易产生裂纹。由于淬火钢表面残余拉应力比未淬火钢大，故淬火钢的热处理质量不高时，更容易产生裂纹。脉冲能量对显微裂纹的影响是非常明显的。脉冲能量愈大，显微裂纹愈宽愈深；脉冲能量很小时，一般不会出现显微裂纹。

2．表面变化层的机械性能

1) 显微硬度及耐磨性

工件在加工前由于热处理状态及加工中脉冲参数不同，加工后的表面层显微硬度变化也不同。加工后表面层的显微硬度一般比较高，但由于加工电参数、冷却条件及工件材料热处理状况不同，有时显微硬度会降低。一般来说，电火花加工表面外层的硬度比较高，耐磨性好。但对于滚动摩擦，由于是交变载荷，尤其是干摩擦，因熔化层和基体结合不牢固，容易剥落而磨损，因此，有些要求较高的模具需把电火花加工后的表面变化层预先研磨掉。

2) 残余应力

电火花表面存在着由于瞬时先热后冷作用而形成的残余应力，而且大部分表现为拉应力。残余应力的大小和分布，主要与材料在加工前热处理的状态及加工时的脉冲能量有关。因此对表面层质量要求较高的工件，应尽量避免使用较大的加工规准，同时在加工中一定要注意工件热处理的质量，以减少工件表面的残余应力。

3) 疲劳性能

电火花加工后，工件表面变化层金相组织的变化，会使耐疲劳性能比机械加工表面低许多。采用回火处理、喷丸处理甚至去掉表面变化层，将有助于降低残余应力或使残余拉应力转变为压应力，从而提高其耐疲劳性能。

3.3.6 电火花加工的稳定性

在电火花加工中，加工的稳定性是一个很重要的概念。加工的稳定性不仅关系到加工的速度，而且关系到加工的质量。

3-11

1．电规准与加工稳定性

一般来说，单个脉冲能量较大的规准，容易达到稳定加工。但是，当加工面积很小时，不能用很强的规准加工。另外，加工硬质合金不能用太强的规准加工。

脉冲间隔太小常易引起加工不稳。在微细加工、排屑条件很差、电极与工件材料不太合适时，可增加间隔来改善加工的不稳定性，但这样会引起生产率下降。

t_i/I_p 很大的规准比 t_i/I_p 较小的规准加工稳定性差。当 t_i/I_p 大到一定数值后，加工很难进行。

对每种电极材料对，必须有合适的加工波形和适当的击穿电压，才能实现稳定加工。

当平均加工电流超过最大允许加工电流密度时，将出现不稳定现象。

2．电极进给速度

电极的进给速度与工件的蚀除速度应相适应，这样才能使加工稳定进行。进给速度大于蚀除速度时，加工不易稳定。

3．蚀除物的排除情况

良好的排屑是保证加工稳定的重要条件。单个脉冲能量大则放电爆炸力强，电火花间隙大，蚀除物容易从加工区域排除，加工就稳定。在用弱规准加工工件时必须采取各种方法保证排屑良好，实现稳定加工。

冲油压力不合适也会造成加工不稳定。

4．电极材料及工件材料

对于钢工件，各种电极材料的加工稳定性好坏次序如下：

紫铜(铜钨合金、银钨合金) > 铜合金(包括黄铜) > 石墨 > 铸铁 > 不相同的钢 > 相同的钢；

淬火钢比不淬火钢工件加工时稳定性好；

硬质合金、铸铁、铁合金、磁钢等工件的加工稳定性差。

5．极性

不合适的极性可能导致加工极不稳定。

6．加工形状

形状复杂(具有内外尖角、窄缝、深孔等)的工件加工不易稳定，其他如电极或工件松动、烧弧痕迹未清除、工件或电极带磁性等均会引起加工不稳定。

另外，随着加工深度的增加，加工变得不稳定。工作液中混入易燃微粒也会使加工难以进行。

3.3.7 合理选择电火花加工工艺

前面详细阐述了电火花加工的工艺规律，不难看到，加工速度、电极损耗、表面粗糙度、加工精度往往相互矛盾。表 3-2 简单列举了一些参数对工艺的影响。

3-12

表 3-2　常用参数对工艺的影响

常见参数	加工速度	电极损耗	表面粗糙度值	备　　注
峰值电流↑	↑	↑	↑	加工间隙↑，型腔加工锥度↑
脉冲宽度↑	↑	↓	↑	加工间隙↑，加工稳定性↑
脉冲间歇↑	↓	↑	○	加工稳定性↑
介质清洁度↑	中粗加工↓ 精加工↑	○	○	稳定性↑

注：○表示影响较小，↓表示降低或减小，↑表示增大。

在电火花加工中，如何合理地制定电火花加工工艺呢？如何用最快的速度加工出最佳质量的产品呢？一般来说，主要采用两种方法来处理：第一，先主后次，如在用电火花加工去除断在工件中的钻头、丝锥时，应优先保证速度，因为此时工件的表面粗糙度、电极损耗已经不重要了；第二，采用各种手段，兼顾各方面。其中主要常见的方法有：

(1) 粗、中、精逐档过渡式加工方法。粗加工用以蚀除大部分加工余量，使型腔按预留量接近尺寸要求；中加工用以提高工件表面粗糙度等级，并使型腔基本达到要求，一般加工量不大；精加工主要保证最后加工出的工件达到要求的尺寸与粗糙度。在加工时，首先通过粗加工，高速去除大量金属，这是通过大功率、低损耗的粗加工规准解决的；其次，通过中、精加工保证加工的精度和表面质量。中、精加工虽然工具电极相对损耗大，但在一般情况下，中、精加工余量仅占全部加工量的极小部分，故工具电极的绝对损耗极小。

在粗、中、精加工中，注意转换加工规准。

(2) 先用机械加工去除大量的材料，再用电火花加工保证加工精度和加工质量。电火花成形加工的材料去除率还不能与机械加工相比。因此，在工件型腔电火花加工中，有必要先用机械加工方法去除大部分加工量，使各部分余量均匀，从而大幅度提高工件的加工效率。

(3) 采用多电极。在加工中及时更换电极，当电极绝对损耗量达到一定程度时，及时更换，以保证良好的加工质量。

习　　题

一、判断题

（　　）1. 电火花加工时通常采用石墨作为精加工电极。

（　　）2. 电火花加工中精加工时喷油压力应尽可能小，这有利于覆盖效应的产生，从而减少电极的损耗。

（　　）3. 电火花放电加工时，电极与工作的极性可以更换。

（　　）4. 电极损耗小于1%的加工称为低损耗电火花加工。

（　　）5. 电火花成形加工中，粗加工放电间隙大，精加工放电间隙小。

（　　）6. 在电火花成形加工中，冲油压力越大越好。

（　　）7. 电火花加工时，峰值电压高，放电间隙大，生产效率高，但成形复制精度差。

（　　）8. 在电火花加工中，电极接脉冲电源正极的加工称为正极性加工。

( )9. 电火花加工中工作液的作用之一是加速电蚀产物的排除。

( )10. 电火花成形加工中速度的单位为 mm^2/min。

二、单项选择题

1. 电火花加工机床使用的介质通常是( )。

A. 去离子水　　　　B. 普通自来水　　　　C. 乳化液　　　　D. 专用煤油

2. 电火花加工一个较深的盲孔时，加工完成后盲孔的口部尺寸通常比底部尺寸( )。

A. 相等　　　　B. 大　　　　C. 小　　　　D. 不确定

3. 下列电极材料中，( )最适宜作为精加工电极。

A. 黄铜　　　　B. 铸铁　　　　C. 石墨　　　　D. 电解铜

4. 在正常加工情况下，下列参数对电火花加工速度影响最小的是( )。

A. 脉冲间隔　　　　B. 峰值电流　　　　C. 抬刀方式　　　　D. 加工面积

5. 电火花加工条件中，ON 通常表示( )。

A. 脉冲宽度　　　　B. 脉冲间隔　　　　C. 峰值电流　　　　D. 占空比

三、问答题

1. 什么是极性效应？在电火花加工中如何充分利用极性效应？

2. 什么是覆盖效应？请举例说明覆盖效应的用途。

3. 在实际加工中如何处理加工速度、电极损耗、表面粗糙度之间的矛盾关系？

第四章 电火花加工工艺及实例

前面讲过,电火花加工是利用火花放电腐蚀金属的原理,用工具电极对工件进行复制加工的工艺方法。

电火花加工一般按图4-1所示步骤进行。

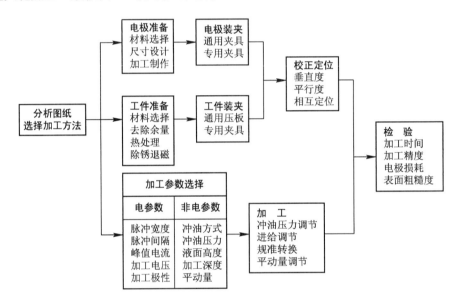

图4-1 电火花加工的步骤

由图4-1可以看出,电火花加工主要由三部分组成:电火花加工的准备工作、电火花加工、电火花加工检验工作。其中电火花加工可以加工通孔和盲孔,前者习惯上称为电火花穿孔加工,后者习惯上称为电火花成型加工。它们不仅名称不同,而且加工工艺方法有着较大的区别,本章将分别加以介绍。电火花加工的准备工作有电极准备、电极装夹、工件准备、工件装夹、电极工件的校正定位等。

4.1 电火花加工方法

4.1.1 电火花穿孔加工方法

4-1

电火花穿孔加工一般应用于冲裁模具加工、粉末冶金模具加工、拉丝模具加工、螺纹加工等。本节以加工冲裁模具的凹模为例说明电火花穿孔加工的方法。

凹模的尺寸精度主要靠工具电极来保证,因此,对工具电极的精度和表面粗糙度都应有

一定的要求。如凹模的尺寸为 $L2$，工具电极相应
的尺寸为 $L1$(如图 4-2 所示)，单边火花间隙值为
S_L，则

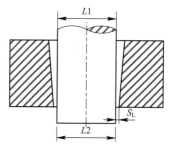

$$L2 = L1 + 2S_L$$

其中，火花间隙值 S_L 主要取决于脉冲参数与机床
的精度。只要加工规准选择恰当，加工稳定，火
花间隙值 S_L 的波动范围会很小。因此，只要工具
电极的尺寸精确，用它加工出的凹模的尺寸也是
比较精确的。

图 4-2　凹模的电火花加工

用电火花穿孔加工凹模有较多的工艺方法，
在实际中应根据加工对象、技术要求等因素灵活地选择。穿孔加工的具体方法简介如下。

1. 间接法

间接法是指在模具电火花加工中，凸模与加工凹模用的电极分开制造，首先根据凹模
尺寸设计电极，然后制造电极，进行凹模加工，再根据间隙要求来配制凸模。图 4-3 为间接
法加工凹模的过程。

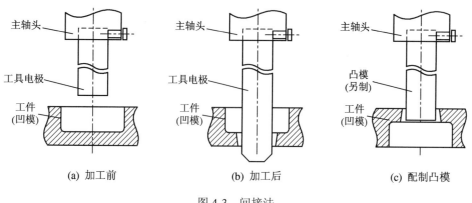

(a) 加工前　　　　　　　(b) 加工后　　　　　　　(c) 配制凸模

图 4-3　间接法

间接法的优点是：

(1) 可以自由选择电极材料，电加工性能好。

(2) 因为凸模是根据凹模另外进行配制的，所以凸模和凹模的配合间隙与放电间隙无关。

间接法的缺点是：电极与凸模分开制造，配合间隙难以保证均匀。

2. 直接法

直接法适合于加工冲模，是指将凸模长度适当增加，先作为电极加工凹模，然后将端
部损耗的部分去除直接成为凸模(具体过程如图 4-4 所示)。直接法加工的凹模与凸模的配合
间隙靠调节脉冲参数、控制火花放电间隙来保证。

直接法的优点是：

(1) 可以获得均匀的配合间隙、模具质量高。

(2) 无须另外制作电极。

(3) 无须修配工作，生产率较高。

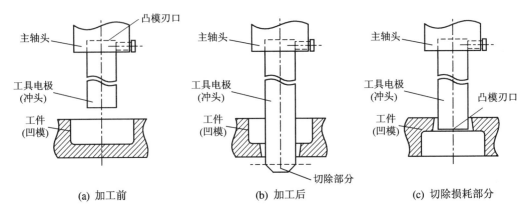

(a) 加工前   (b) 加工后   (c) 切除损耗部分

图 4-4 直接法

直接法的缺点是：

(1) 电极材料不能自由选择，工具电极和工件都是磁性材料，易产生磁性，电蚀下来的金属屑可能被吸附在电极放电间隙的磁场中而形成不稳定的二次放电，使加工过程很不稳定，故电火花加工性能较差。

(2) 电极和冲头连在一起，尺寸较长，磨削时较困难。

3. 混合法

混合法也适用于加工冲模，是指将电火花加工性能良好的电极材料与冲头材料黏结在一起，共同用线切割或磨削成型，然后用电火花性能好的一端作为加工端，将工件反置固定，用"反打正用"的方法实行加工。这种方法不仅可以充分发挥加工端材料好的电火花加工工艺性能，还可以达到与直接法相同的加工效果(如图 4-5 所示)。

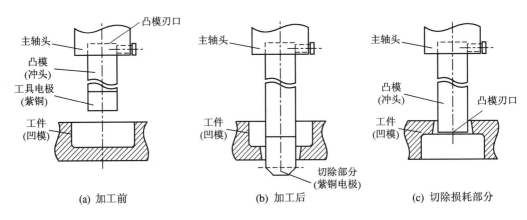

(a) 加工前   (b) 加工后   (c) 切除损耗部分

图 4-5 混合法

混合法的特点是：

(1) 可以自由选择电极材料，电加工性能好。

(2) 无须另外制作电极。

(3) 无须修配工作，生产率较高。

(4) 电极一定要黏结在冲头的非刃口端(见图 4-5)。

4. 阶梯工具电极加工法

阶梯工具电极加工法在冷冲模具电火花成型加工中极为普遍，其应用方法有两种：

(1) 无预孔或加工余量较大时，可以将工具电极制作为阶梯状，将工具电极分为两段，即缩小了尺寸的粗加工段和保持凸模尺寸的精加工段。粗加工时，采用工具电极相对损耗小、加工速度高的电规准加工，粗加工段加工完成后只剩下较小的加工余量，如图 4-6(a)所示。精加工段即凸模段，可采用类似于直接法的方法进行加工，以达到凸凹模配合的技术要求，如图 4-6(b)所示。

(2) 在加工小间隙、无间隙的冷冲模具时，配合间隙小于最小的电火花加工放电间隙，用凸模作为精加工段是不能实现加工的，则可将凸模加长后，再加工或腐蚀成阶梯状，使阶梯的精加工段与凸模有均匀的尺寸差，通过加工规准对放电间隙尺寸的控制，使加工后符合凸凹模配合的技术要求，如图 4-6(c)所示。

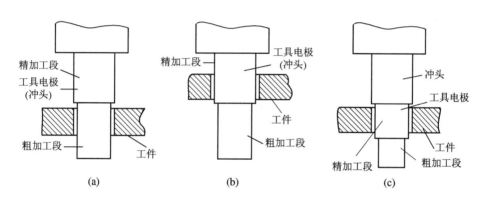

图 4-6　用阶梯工具电极加工冲模

除此以外，可根据模具或工件不同的尺寸特点和尺寸，要求采用双阶梯或多阶梯工具电极。阶梯形的工具电极可以由直柄形的工具电极用"王水"酸洗、腐蚀而成。机床操作人员应根据模具工件的技术要求和电火花加工的工艺常识，灵活运用阶梯工具电极的技术，充分发挥穿孔电火花加工工艺的潜力，完善其工艺技术。

4.1.2　电火花成型加工方法

电火花成型加工和穿孔加工相比有下列特点：

(1) 电火花成型加工为盲孔加工，工作液循环困难，电蚀产物排除条件差。

(2) 型腔多由球面、锥面、曲面组成，且在一个型腔内常有各种圆角、凸台或凹槽，有深有浅，还有各种形状的曲面相接，轮廓形状不同，结构复杂。这就使得加工中电极的长度和型面损耗不一，故损耗规律复杂，且电极的损耗不可能由进给实现补偿，因此型腔加工的电极损耗较难进行补偿。

(3) 材料去除量大，表面粗糙度要求严格。

(4) 加工面积变化大，要求电规准的调节范围相应也大。

根据电火花成型加工的特点，在实际中通常采用如下方法：

1. 单工具电极直接成型法(如图 4-7 所示)

单工具电极直接成型法是指采用同一个工具电极完成模具型腔的粗、中及精加工。

对普通的电火花机床,在加工过程中先用无损耗或低损耗电规准进行粗加工,然后采用平动头使工具电极做圆周平移运动,按照粗、中、精的顺序逐级改变电规准,进行侧面平动修整加工。在加工过程中,借助平动头逐渐加大工具电极的偏心量,可以补偿前后两个加工电规准之间放电间隙的差值,这样就可完成整个型腔的加工。

单电极平动法加工时,工具电极只需一次装夹定位,避免了因反复装夹带来的定位误差。但对于棱角要求高的型腔,加工精度就难以保证。

如果加工中使用的是数控电火花机床,则不需要平动头,可利用工作台按照一定轨迹做微量移动来修光侧面。数控电火花机床的具体功能请参照第二章。

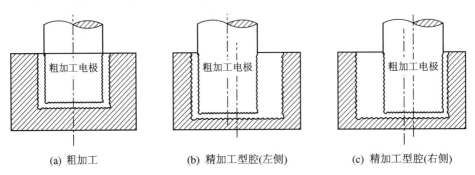

(a) 粗加工　　　　　(b) 精加工型腔(左侧)　　　　　(c) 精加工型腔(右侧)

图 4-7　单工具电极直接成型法

2. 多电极更换法(如图 4-8 所示)

对早期的非数控电火花机床,为了加工出高质量的工件,多采用多电极更换法。

多电极更换法是指根据一个型腔在粗、中、精加工中放电间隙各不相同的特点,采用几个不同尺寸的工具电极完成一个型腔的粗、中、精加工。在加工时首先用粗加工电极蚀除大量金属,然后更换电极进行中、精加工;对于加工精度高的型腔,往往需要较多的电极来精修型腔。

多电极更换加工法的优点是仿型精度高,尤其适用于尖角、窄缝多的型腔模加工。它的缺点是需要制造多个电极,并且对电极的重复制造精度要求很高。另外,在加工过程中,电极的依次更换需要有一定的重复定位精度。

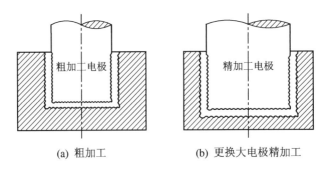

(a) 粗加工　　　　　(b) 更换大电极精加工

图 4-8　多电极更换法

3．分解电极加工法(如图 4-9 所示)

分解电极加工法是根据型腔的几何形状，把电极分解成主型腔电极和副型腔电极，分别制造。先用主型腔电极加工出主型腔，后用副型腔电极加工尖角、窄缝等部位的副型腔。此方法的优点是能根据主、副型腔不同的加工条件，选择不同的加工规准，有利于提高加工速度和改善加工表面质量，同时还可简化电极制造，便于电极修整。缺点是主型腔和副型腔间的精确定位较难解决。

图 4-9　分解电极加工法

近年来，国内外广泛应用具有电极库的数控电火花机床，事先将复杂型腔面分解为若干个简单型腔和相应的电极，编制好程序，在加工过程中自动更换电极和加工规准，实现复杂型腔的加工。

4．手动侧壁修光法

这种方法主要应用于没有平动头的非数控电火花加工机床。具体方法是利用移动工作台的 X 和 Y 坐标，配合转换加工规准，轮流修光各方向的侧壁。如图 4-10 所示，在某型腔粗加工完毕后，采用中加工规准先将底面修出；然后将工作台沿 X 坐标方向在移一个尺寸 d，修光型腔左侧壁，如图 4-10(a)所示；然后将电极上移，修光型腔后壁，如图 4-10(b)所示；再将电极右移，修光型腔右壁，如图 4-10(c)所示；然后将电极下移，修光型腔前壁，如图 4-10(d)所示；最后将电极左移，修去缺角，如图 4-10(e)所示。完成这样一个周期后，型腔的面积扩大。若尺寸达不到规定的要求，则如上所述再进行一个周期。这样，经过多个周期，型腔可完全修光。

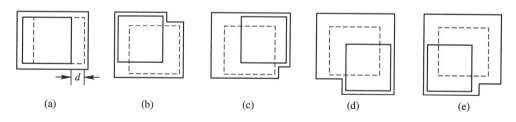

| (a) | (b) | (c) | (d) | (e) |

图 4-10　侧壁轮流修光法示意图

在使用手动侧壁修光法时必须注意：

(1) 各方向侧壁的修整必须同时依次进行，不可先将一个侧壁完全修光后，再修光另一个侧壁，避免二次放电将已修好的侧壁损伤。

(2) 在修光一个周期后，应仔细测量型腔尺寸，观察型腔表面粗糙度，然后决定是否更换电加工规准，进行下一周期的修光。

这种加工方法的优点是可以采用单电极完成一个型腔的全部加工过程；缺点是操作烦琐，尤其在单面修光侧壁时，加工很难稳定，不易采取冲油措施，延长了中、精加工的周期，而且无法修整圆形轮廓的型腔。

4.2 电火花加工准备工作

4.2.1 电极准备

1. 电极材料选择

从理论上讲，任何导电材料都可以作电极。但由第三章所述，不同的材料作电极对于电火花加工速度、加工质量、电极损耗、加工稳定性有重要的影响。因此，在实际加工中，应综合考虑各个方面的因素，选择最合适的材料作电极。

4-2

目前常用的电极材料有紫铜(纯铜)、黄铜、钢、石墨、铸铁、银钨合金、铜钨合金等。这些材料的性能如表 4-1 所示。

表 4-1　电火花加工常用电极材料的性能

电极材料	电加工性能		机加工性能	说　　　　明
	稳定性	电极损耗		
钢	较差	中等	好	在选择电规准时注意加工稳定性
铸铁	一般	中等	好	为加工冷冲模时常用的电极材料
黄铜	好	大	尚好	电极损耗太大
紫铜	好	较大	较差	磨削困难，难与凸模连接后同时加工
石墨	尚好	小	尚好	机械强度较差，易崩角
铜钨合金	好	小	尚好	价格贵，在深孔、直壁孔、硬质合金模具加工中使用
银钨合金	好	小	尚好	价格贵，一般少用

1) 铸铁电极的特点

(1) 来源充足，价格低廉，机械加工性能好，便于采用成形磨削，因此电极的尺寸精度、几何形状精度及表面粗糙度等都容易保证。

(2) 电极损耗和加工稳定性均较一般，容易起弧，生产率也不及铜电极。

(3) 是一种较常用的电极材料，多用于穿孔加工。

2) 钢电极的特点

(1) 来源丰富，价格便宜，具有良好的机械加工性能。

(2) 加工稳定性较差，电极损耗较大，生产率也较低。

(3) 多用于一般的穿孔加工。

3) 紫铜(纯铜)电极的特点

(1) 加工过程中稳定性好，生产率高。

(2) 精加工时比石墨电极损耗小。

(3) 易于加工成精密、微细的花纹，采用精密加工时能达到优于 1.25 μm 的表面粗糙度。

(4) 因其韧性大，故机械加工性能差，磨削加工困难。

(5) 适宜于作电火花成型加工的精加工电极材料。

4) 黄铜电极的特点

(1) 在加工过程中稳定性好，生产率高。

(2) 机械加工性能尚好，它可用仿形刨加工，也可用成形磨削加工，但其磨削性能不如钢和铸铁。

(3) 电极损耗最大。

5) 石墨电极的特点

(1) 机加工成形容易，容易修正。

(2) 加工稳定性能较好，生产率高，在长脉宽、大电流加工时电极损耗小。

(3) 机械强度差，尖角处易崩裂。

(4) 适用于作电火花成型加工的粗加工电极材料。因为石墨的热胀系数小，也可作为穿孔加工的大电极材料。

2. 电极设计

电极设计是电火花加工中的关键点之一。在设计中，首先要详细分析产品图纸，确定电火花加工位置；第二要根据现有设备、材料、拟采用的加工工艺等具体情况确定电极的结构形式；第三要根据不同的电极损耗、放电间隙等工艺要求对照型腔尺寸进行缩放，同时要考虑工具电极各部位投入放电加工的先后顺序不同，工具电极上各点的总加工时间和损耗不同，同一电极上端角、边和面上的损耗值不同等因素来适当补偿电极。例如，图 4-11 是经过损耗预测后对电极尺寸和形状进行补偿修正的示意图。

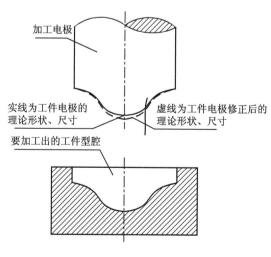

加工电极

实线为工件电极的理论形状、尺寸   虚线为工件电极修正后的理论形状、尺寸

要加工出的工件型腔

图 4-11　电极补偿图

4-3

1) 电极的结构形式

电极的结构通常由加工部分、延伸部分、校正部分、装夹部分等组成，如图 4-12 所示。其中电极的加工部分必不可少，其他部分应尽可能简化。

在设计时电极的延伸部分如可以用来校正电极，就不必另外单独设计校正部分。在确定电极的结构时还需要考虑电极在 X、Y 及 Z 方向的定位。如图 4-13(a)所示的电极为加工一个凸形曲面的电极，该电极容易装夹校正及 X、Y 方向的定位，但 Z 方向的定位较难。若设计成图 4-13(b)所示的形式，则如图 4-13(c)所示，用基准球就很容易实现 Z 方向的定位。

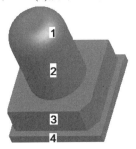

1—加工部分；2—延伸部分；3—校正部分；4—装夹部分

图 4-12　电极的结构

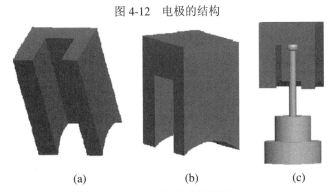

(a)　　　　　　　　(b)　　　　　　　　(c)

图 4-13　电极的结构设计

在实际生产中，根据型孔或型腔的尺寸大小、复杂程度及电极的加工工艺性等来确定电极的结构形式。常用的电极结构形式如下：

(1) 整体电极。整体电极由一整块材料制成，如图 4-14(a)所示。若电极尺寸较大，则在内部设置减轻孔及多个冲油孔，如图 4-14(b)所示。

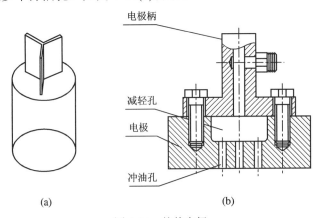

(a)　　　　　　　　　　　　　　　(b)

图 4-14　整体电极

对于穿孔加工，有时为了提高生产率和加工精度及降低表面粗糙度，常采用阶梯式整体电极，即在原有的电极上适当增长，而增长部分的截面尺寸均匀减小，呈阶梯形。如图

4-15 所示，$L1$ 为原有电极的长度，$L2$ 为增长部分的长度。阶梯电极在电火花加工中的加工原理是先用电极增长部分 $L2$ 进行粗加工，来蚀除掉大部分金属，只留下很少余量，然后再用原有的电极进行精加工。阶梯电极的优点是：粗加工快速蚀除金属，将精加工的加工余量降低到最小值，提高了生产效率；可减少电极更换的次数，以简化操作。

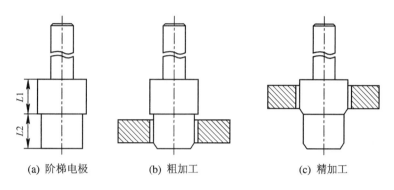

(a) 阶梯电极 (b) 粗加工 (c) 精加工

图 4-15 阶梯电极

(2) 组合电极。组合电极是将若干个小电极组装在电极固定板上，可一次性同时完成多个成型表面电火花加工的电极。图 4-16 所示的加工叶轮的工具电极是由多个小电极组装而构成的。

采用组合电极加工时，生产率高，各型孔之间的位置精度也较准确。但是对组合电极来说，一定要保证各电极间的定位精度，并且每个电极的轴线要垂直于安装表面。

(3) 镶拼式电极。镶拼式电极是将形状复杂而制造困难的电极分成几块来加工，然后再镶拼成整体的电极。如图 4-17 所示，将 E 字形硅钢片冲模所用的电极分成三块，加工完毕后再镶拼成整体。这样既可保证电极的制造精度，得到尖锐的凹角，而且简化了电极的加工，节约了材料，降低了制造成本。但在制造中应保证各电极分块之间的位置准确，配合要紧密牢固。

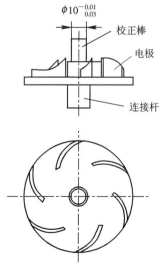

图 4-16 组合电极

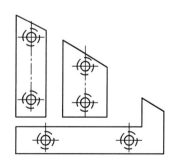

图 4-17 镶拼式电极

2) 电极的尺寸

电极的尺寸包括垂直尺寸和水平尺寸,它们的公差是型腔相应部分公差的 1/2～2/3。

4-4

(1) 垂直尺寸。电极平行于机床主轴线方向上的尺寸称为电极的垂直尺寸。电极的垂直尺寸取决于采用的加工方法、加工工件的结构形式、加工深度、电极材料、型孔的复杂程度、装夹形式、使用次数、电极定位校直、电极制造工艺等一系列因素。

在设计中,综合考虑上述各种因素后很容易确定电极的垂直尺寸,下面简单举例说明。

如图 4-18(a)所示的凹模穿孔加工电极,$L1$ 为凹模板挖孔部分长度尺寸,在实际加工中 $L1$ 部分虽然不需电火花加工,但在设计电极时必须考虑该部分长度;$L3$ 为电极加工中端面损耗部分,在设计中也要考虑。

如图 4-18(b)所示的电极用来清角,即清除某型腔的角部圆角。加工部分电极较细,受力易变形,由于电极定位、校正的需要,在实际中应适当增加长度 $L1$ 的部分。

如图 4-18(c)所示的电火花成型加工电极,电极尺寸包括加工一个型腔的有效高度 L、加工的型腔位于另一个型腔里面时需增加的高度 $L1$、加工结束时电极夹具与工件夹具或压板不发生碰撞而应增加的高度 $L2$ 等。

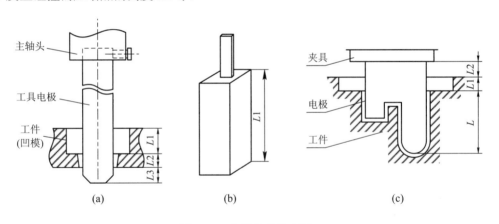

图 4-18 电极垂直尺寸图

(2) 水平尺寸。由于电火花加工中存在放电间隙,粗加工需要为后续的精加工留加工余量等因素,电极的水平尺寸不能等于最终加工后的工件型腔尺寸。电极的水平尺寸需要在型腔尺寸的基础上有适当的电极缩放量($A-a$),即图纸要求的工件型腔尺寸(简称型腔尺寸)与电极尺寸之差,如图 4-19 所示。

电极缩放量的组成:电极缩放量的组成如图 4-20 所示。影响精加工电极缩放量的主要因素是电火花加工的单边放电间隙δ_0。影响粗加工电极单边缩放量的主要因素除了单边放电间隙δ_0外,还有为下一步粗加工或精加工留有的安全余量δ_1以及粗加工侧向表面粗糙度值δ_2。

习惯上,大家将影响粗加工电极缩放量的放电间隙、安全余量、粗加工侧向表面粗糙度合称为安全间隙 M,即

$$M = 2(\delta_0 + \delta_1 + \delta_2) \tag{4-1}$$

因此，精加工电极单边缩放量不小于单边放电间隙，粗加工电极单边缩放量不小于单边安全间隙。

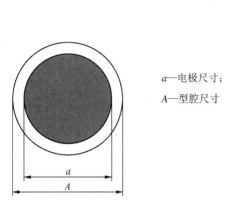

a—电极尺寸；
A—型腔尺寸

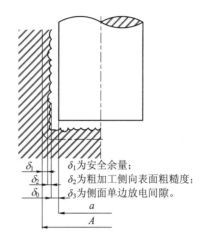

δ_1为安全余量；
δ_2为粗加工侧向表面粗糙度；
δ_3为侧面单边放电间隙。

图 4-19　电极水平截面尺寸缩放示意图　　　图 4-20　电极单边缩放量组成示意图

电极缩放量的选取：电极缩放量与放电面积、放电基准等因素密切相关。在电极设计时，电极缩放量通常根据经验值来选取和确定。表 4-2 为某公司推荐的电极单边缩放量与放电基准关系表，可以根据该表来选取适当的电极单边缩放量。

表 4-2　电极单边缩放量与放电面积关系表

放电面积/mm²		$\leqslant \phi 5$	$\phi 10 \sim \phi 30$	$\phi 30 \sim \phi 50$	$\geqslant \phi 50$
粗加工	电极单边缩放量 /mm	0.05～0.15	0.20～0.30	0.35～0.50	≤0.50
	最大电流基准/A	5	10～30	30～40	40
精加工	电极单边缩放量 /mm	0.05～0.10	0.05～0.15	0.1～0.2	0.15～0.2
	最大电流基准/A	1～2	1～5	2～7	5～7

例 4.1　现用电火花机床加工一个正方形型腔，边长为 20 mm，表面粗糙度为 Ra0.4，请设计初加工和精加工电极的水平尺寸。

解　根据加工要求，电极放电面积为 4 cm²，在 $\phi 10 \sim \phi 30$ 范围内(即面积在直径 10 mm 和 30 mm 的圆面积之间)，因此根据表 4-2，粗加工时电极单边缩放量选取 0.2 mm，精加工时电极单边缩放量选取 0.1 mm。

思考： 选取的电极缩放量等于实际的电极缩放量吗？

电极的单边缩放量是电火花加工中一个非常重要的参数。在电极设计时，设计师需要根据加工经验确定适当的电极单边缩放量。在加工时机床操作员根据电极的实际测量尺寸和型腔尺寸，计算出实际的电极单边缩放量，并输入到机床加工参数中。图 4-21 为 GF 公司 FORM2 型电火花机床电极准备参数图，图中虚线框内需要填写电极的实际单边缩放量。

例 4.2　已知某孔型零件的型腔直径为 40 mm，请设计该电极的水平尺寸，并在机床加工界面中输入实际的电极单边缩放量。

解 若该型腔用一个电极加工，则根据表 4-2，粗加工电极的单边缩放量为 0.4 mm，则电极水平方向设计尺寸为

$$40 - 2 \times 0.4 = 39.2 \text{ mm}$$

电极设计完成后经过机械加工，得到真实的电极。在电火花加工前，应测量电极的实际水平尺寸，以便确定加工时电极的实际单边缩放量。如电极加工完成后实际测量尺寸为 39.22 mm，则实际单边电极缩放量为 0.39 mm。因此如果采用 FORM2 型电火花机床加工，则应在图 4-21 虚线框中填入 0.39 mm。

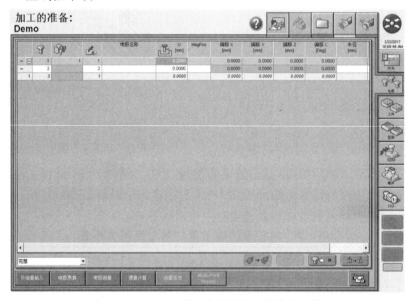

图 4-21　FORM2 型电火花机床电极准备参数

在数控电火花加工中确定电极的水平尺寸时，电极宁小勿大。当电极尺寸偏小时，型腔在水平方向上的余量可以通过电极在水平方向的平动实现余量去除。当电极尺寸做大时，型腔零件有可能因电极尺寸偏大从而造成报废。

上述介绍了形状简单电极的水平方向尺寸设计过程。对于较复杂的电极，如图 4-22 所示，其电极的水平尺寸可用下式确定：

$$a = A \pm K\Delta$$

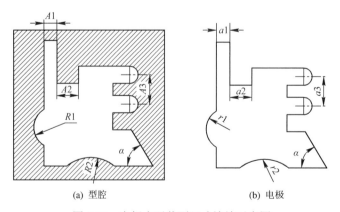

(a) 型腔　　　　　　　　　　　　　(b) 电极

图 4-22　电极水平截面尺寸缩放示意图

式中：a——电极水平方向的尺寸；

   A——型腔水平方向的尺寸；

   K——与型腔尺寸标注法有关的系数；

   Δ——单边电极缩放量。

$a = A \pm K\Delta$ 中的 ± 号和 K 值的具体含义如下：

(1) 凡图样上型腔凸出部分，其相对应的电极凹入部分的尺寸应放大，即用"+"号；反之，凡图样上型腔凹入部分，其相对应的电极凸出部分的尺寸应缩小，即用"–"号。

(2) K 值的选择原则：当图中型腔尺寸完全标注在边界上(即相当于直径方向尺寸或两边界都为定形边界)时，K 取 2；一端以中心线或非边界线为基准(即相当于半径方向尺寸或一端为定形边界另一端为定位边界)时，K 取 1；对于图中型腔中心线之间的位置尺寸(即两边界为定位边界)以及角度值和某些特殊尺寸(如图 4-23 中的 $a1$)，电极上相对应的尺寸不增不减，K 取 0。对于圆弧半径，亦按上述原则确定。

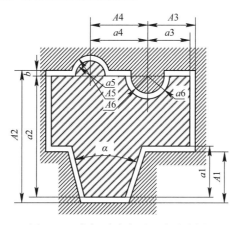

图 4-23　电极型腔水平尺寸对比图

根据以上叙述，在图 4-23 中，电极尺寸 a 与型腔尺寸 A 有如下关系：

$$a1 = A1, \quad a2 = A2 - 2\Delta, \quad a3 = A3 - \Delta$$
$$a4 = A4, \quad a5 = A5 - \Delta, \quad a6 = A6 + \Delta$$

3) 电极的排气孔和冲油孔

电火花成型加工时，型腔一般均为盲孔，排气、排屑条件较为困难，这直接影响加工效率与稳定性，精加工时还会影响加工表面粗糙度。为改善排气、排屑条件，大、中型腔加工电极都设计有排气、冲油孔。一般情况下，开孔的位置应尽量保证冲液均匀和气体易于排出。电极开孔示意图如图 4-24 所示。

4-5

在实际设计中要注意以下几点：

(1) 为便于排气，经常将冲油孔或排气孔上端直径加大，如图 4-24(a)所示。

(2) 气孔尽量开在蚀除面积较大以及电极端部凹入的位置，如图 4-24(b)所示。

(3) 冲油孔要尽量开在不易排屑的拐角、窄缝处，如图 4-24(c)不好，图 4-24(d)好。

(4) 排气孔和冲油孔的直径约为平动量的 1~2 倍，一般取 $\phi 1 \sim \phi 1.5$ mm；为便于排气排屑，常把排气孔、冲油孔的上端孔径加大到 $\phi 5 \sim \phi 8$ mm；孔距在 20~40 mm，位置相对错开，以避免加工表面出现"波纹"。

(5) 尽可能避免冲液孔在加工后留下的柱芯，如图 4-24(f)、(g)、(h)较好，图 4-24(e)不好。

(6) 冲油孔的布置需注意冲油要流畅，不可出现无工作液流经的"死区"。

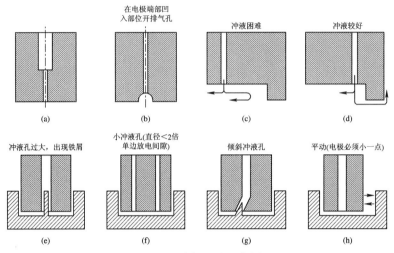

图 4-24 电极开孔示意图

例 4.3 已知某零件如图 4-25(a)所示，现有毛坯如图 4-25(b)所示，请设计加工该零件的精加工电极。

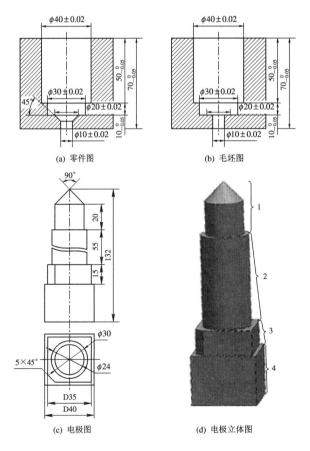

图 4-25 电极的设计

解 (1) 结构设计。

该电极共分四个部分，如图 4-25(d)所示：

1——直接加工部分。

2——电极细长，为了提高强度，应适当增加电极的直径。

3——因为电极为细长的圆柱，在实际加工中很难校正电极的垂直度，故增加该部分，其目的是方便电极的校正。另外，由于该电极形状对称，为了方便识别方向，特意在该部分设计了 5 mm 的倒角。

4——电极与机床主轴的装夹部分。该部分的结构形式应根据电极装夹的夹具形式确定。

(2) 尺寸分析。

长度方向尺寸分析：该电极实际加工长度只有 5 mm，但由于加工部分的位置在型腔的底部，故增加了尺寸，如图 4-25(c)所示。

横截面尺寸分析：① 该电极加工部分是一锥面，故对电极的横截面尺寸要求不高；② 为了保证电极在放电过程中排屑较好，电极的第 2 部分直径不能太大。

(3) 材料选择。

由于加工余量少，因此采用紫铜作电极。

4-6

3. 电极的制造

在进行电极制造时，应尽可能将要加工的电极坯料装夹在即将进行电火花加工的装夹系统上，以避免因装卸而产生定位误差。

常用的电极制造方法有切削加工、线切割加工和电铸加工。

1) 切削加工

过去常见的切削加工有铣、车、平面和圆柱磨削等方法。随着数控技术的发展，目前经常采用数控铣床(加工中心)制造电极。数控铣削加工电极不仅能加工精度高、形状复杂的电极，而且速度快。

石墨材料加工时容易碎裂、粉末飞扬，所以在加工前需将石墨放在工作液中浸泡 2～3 天，这样可以有效减少崩角及粉末飞扬。紫铜材料切削较困难，为了达到较好的表面粗糙度，经常在切削加工后进行研磨抛光加工。

在用混合法加工冲模的凹模时，为了缩短电极和凸模的制造周期，保证电极与凸模的轮廓一致，通常采用电极与凸模联合成形磨削的方法。这种方法的电极材料大多数选用铸铁和钢。

当电极材料为铸铁时，电极与凸模常用环氧树脂等材料胶合在一起，如图 4-26 所示。对于截面积较小的工件，由于不易粘牢，为了防止在磨削过程中发生电极或凸模脱落，可采用锡焊或机械方法使电极与凸模连接在一起。当电极材料为钢时，可把凸模加长些，将其作电极，即把电极和凸模做成一个整体。

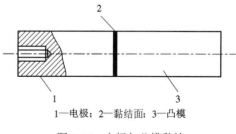

1—电极；2—黏结面；3—凸模

图 4-26 电极与凸模黏结

电极与凸模联合成形磨削，其共同截面的公称尺寸应直接按凸模的公称尺寸进行磨削，公差取凸模公差的 1/2~2/3。

当凸、凹模的配合间隙等于放电间隙时，磨削后电极的轮廓尺寸与凸模完全相同；当凸、凹模的配合间隙小于放电间隙时，电极的轮廓尺寸应小于凸模的轮廓尺寸，在生产中可用化学腐蚀法将电极尺寸缩小至设计尺寸；当凸、凹模的配合间隙大于放电间隙时，电极的轮廓尺寸应大于凸模的轮廓尺寸，在生产中可用电镀法将电极扩大到设计尺寸。

具体的化学腐蚀或电镀法可参考有关资料。

2) 线切割加工

除用机械方法制造电极以外，在有特殊需要的场合下也可用线切割加工电极，即适用于形状特别复杂，用机械加工方法无法胜任或很难保证精度的情况。

图 4-27 所示的电极，在用机械加工方法制造时，通常是把电极分成四部分来加工，然后再镶拼成一个整体，如图 4-27(a)所示。由于分块加工中产生的误差及拼合时的接缝间隙和位置精度的影响，使电极产生一定的形状误差。如果使用线切割加工机床对电极进行加工，则很容易制作出来，并能很好地保证其精度，如图 4-27(b)所示。

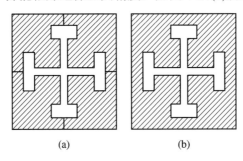

(a)　　　　　　　(b)

图 4-27　机械加工与线切割加工

3) 电铸加工

电铸方法主要用来制作大尺寸电极，特别是在板材冲模领域。使用电铸制作出来的电极的放电性能特别好。

用电铸法制造电极，复制精度高，可制作出用机械加工方法难以完成的细微形状的电极。它特别适合于有复杂形状和图案的浅型腔的电火花加工。电铸法制造电极的缺点是加工周期长，成本较高，电极质地比较疏松，使电加工时的电极损耗较大。

4.2.2　电极装夹与校正

电极装夹的目的是将电极安装在机床的主轴头上，电极校正的目的是使电极的轴线平行于主轴头的轴线，即保证电极与工作台台面垂直，必要时还应保证电极的横截面基准与机床的 X、Y 轴平行。

4-7

1．电极的装夹

电极在安装时，一般使用通用夹具或专用夹具直接将电极装夹在机床主轴的下端。常用装夹方法有下面几种：

小型的整体式电极多数采用通用夹具直接装夹在机床主轴下端，采用标准套筒、钻夹头装夹(如图 4-28、图 4-29 所示)；对于尺寸较大的电极，常将电极通过螺纹连接直接装夹在夹具上(如图 4-30 所示)。

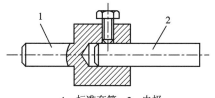

1—标准套筒；2—电极

图 4-28　标准套筒形夹具

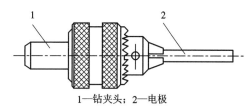

1—钻夹头；2—电极

图 4-29　钻夹头夹具

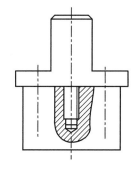

图 4-30　螺纹夹头夹具

　　镶拼式电极的装夹比较复杂，一般先用连接板将几块电极拼接成所需的整体，然后再用机械方法固定，如图 4-31(a)所示；也可用聚氯乙烯醋酸溶液或环氧树脂黏合，如图 4-31(b)所示。在拼接时各结合面需平整密合，然后再将连接板连同电极一起装夹在电极柄上。

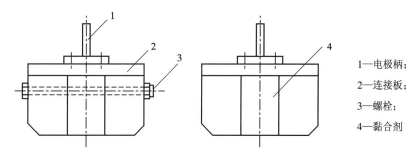

1—电极柄；

2—连接板；

3—螺栓；

4—黏合剂

图 4-31　连接板式夹具

　　当电极采用石墨材料时，应注意以下几点：

　　(1) 由于石墨较脆，故不宜攻螺孔，因此可用螺栓或压板将电极固定于连接板上。石墨电极的装夹如图 4-32 所示。

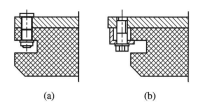

(a)　　　　　　　　(b)

图 4-32　石墨电极的装夹

　　(2) 不论是整体的或拼合的电极，都应使石墨压制时的施压方向与电火花加工时的进给方向垂直。如图 4-33 所示，图(a)箭头所示为石墨压制时的施压方向，图(b)为不合理的拼合，图(c)为合理的拼合。

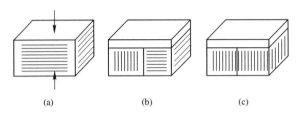

图 4-33　石墨电极的方向性与拼合法

2．电极的校正

电极装夹好后，必须进行校正才能加工，即不仅要调节电极与工件基准面垂直，而且需在水平面内调节、转动一个角度，使工具电极的截面形状与将要加工的工件型孔或型腔定位的位置一致。电极的校正主要靠调节电极夹头的相应螺钉进行。如图 4-34 所示的电极夹头，部件 1 为电极旋转角度调整螺丝；部件 2 为电极左右水平调整螺丝及锁定螺帽；部件 3 为电极前后水平调整螺丝及锁定螺帽。

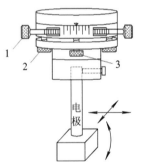

(a) 电极夹头示意图　　　　　　　　(b) 电极夹头

图 4-34　电极夹头

电极装夹到主轴上后，必须进行校正，一般的校正方法有：

(1) 根据电极的侧基准面，采用千分表找正电极的垂直度(如图 4-35 所示)。

(2) 电极上无侧面基准时(如型腔加工用的较复杂的电极)，通常用电极与加工部分相连的端面(如图 4-36 所示)为电极校正面，保证电极与工作台平面垂直。

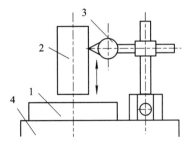
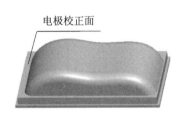
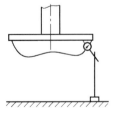

1—凹模；2—电极；3—千分表；4—工作台

图 4-35　用千分表校正电极垂直度图

(a) 复杂电极　　　(b) 电极校正

图 4-36　型腔加工用电极校正

3. 快速装夹夹具

近年来，在电火花加工中为保证极高的重复定位精度，且不降低加工效率，采用了快速装夹的标准化夹具。目前有 EROWA 和 3R 等夹具系统可实现快速精密定位。快速装夹的标准化夹具的原理是：在制造电极时，将电极与夹具作为一个整体组件，装在装备了与数控电火花机床相同的工艺定位基准附件的加工设备上完成。由于工艺定位基准附件都统一同心，因此电极在制造完成后，可直接取下电极和夹具的组件，装入数控电火花机床的基准附件上，不用再校正电极。工艺定位基准附件不仅可以在电火花加工机床上使用，还可以在车床、铣床、磨床、线切割机床等上使用；因而可以实现电极制造和电极使用的一体化，使得电极在不同机床之间转换时，不必再费时找正。

图 4-37 所示为 EROWA 快速夹具系统，电极装夹系统的卡盘通过夹紧插销与定位片连接，在卡盘外部有两种相互垂直的基准面。中小型电极可以通过电极夹头装夹在定位板上。图 4-38 所示为使用 3R 夹具把基准球装夹在机床主轴上。在自动装夹电极中，电极夹头的快速装夹与精确定位是依靠安装在机床主轴上的卡盘(卡盘内有定位的中心孔，四周有多个定位凸爪)来实现的。

(a) EROWA快速夹具系统

(b) 卡盘

(c) 定位片

(d) 电极夹定位片

(e) 电极夹、夹紧插销与定位片

图 4-37　EROWA 快速夹具系统

(a) 基准球装夹在3R夹具上   (b) 3R夹具

(c) 卡盘   (d) 电极夹头与拉杆

图 4-38　3R 夹具

4.2.3　电极的定位

在电火花加工中，电极与加工工件之间相对定位的准确程度直接决定加工的精度。做好电极的精确定位主要有三方面内容：电极的装夹与校正、工件的装夹与校正、电极相对于工件定位。

电极的装夹与校正前面已详细讨论过，这里不再叙述。

电火花加工工件的装夹与机械切削机床相似，但由于电火花加工中的作用力很小，因此工件更容易装夹。

在实际生产中，工件常用压板、磁性吸盘(吸盘中的内六角孔中插入扳手可以调节磁力的有无，如图 4-39 所示)、虎钳等来固定在机床工作台上，多数用百分表来校正(如图 4-40 所示)，使工件的基准面分别与机床的 X、Y 轴平行。

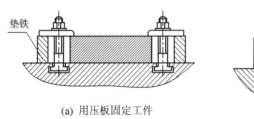
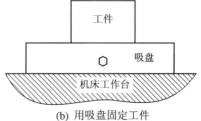

(a) 用压板固定工件   (b) 用吸盘固定工件

图 4-39　工件的固定

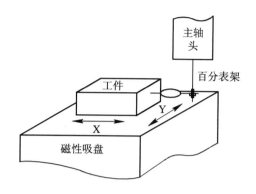

图 4-40　工件的校正

电极相对于工件定位是指将已安装校正好的电极对准工件上的加工位置，以保证加工的孔或型腔在凹模上的位置精度。习惯上将电极相对于工件的定位过程称为找正。电火花加工中，精度要求不高的零件可以用电极感知工件来定位，但对于加工精度高的零件需要使用基准球来实现电极的定位。

1. 使用电极感知工件定位

目前生产的大多数电火花机床都有接触感知功能，通过接触感知功能能较精确地实现电极相对工件的定位。在第二章介绍 ISO 代码的时候曾经举例说明电极如何定位于工件上一特定点，在这里仍然以工件的分中方法为例说明接触感知功能找正的具体方法。

利用数控电火花成形机床的 MDI 功能手动操作实现电极定位于型腔的中心，具体方法 (参见图 4-41)如下：

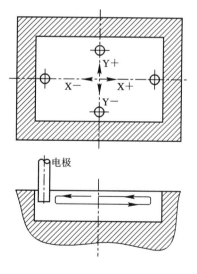

图 4-41　找工件中心

(1) 将工件型腔、电极表面的毛刺去除干净，手动移动电极到型腔的中间，执行如下指令：

G80 X - ;

G54 G92 X0; /一般机床将 G54 工作坐标系作为默认工作坐标系，故 G54 可省略

  M05 G80 X＋;

  M05 G82 X; /移到 X 方向的中心

  G92 X0;

  G80 Y－;

  G92 Y0;

  M05 G80 Y＋;

  M05 G82 Y; /移到 Y 方向的中心

  G92 Y0;

(2) 通过上述操作，电极找到了型腔的中心。但考虑到实际操作中由于型腔、电极有毛刺等意外因素的影响，应确认找正是否可靠。方法为：在找到型腔中心后，执行如下指令：

  G55 G92 X0 Y0; /将目前找到的中心在 G55 坐标系内的坐标值也设定为 X0 Y0

然后再重新执行前面的找正指令，找到中心后，切换 G54 坐标系，观察此时的坐标值。如果与刚才第一次找中心设定的零点相差不多，则认为找正成功；若相差过大，则说明找正有问题，必须重复上述步骤，至少保证最后两次找正位置基本重合。

目前生产的部分电火花成形机床有找中心按钮，这样可以避免手动输入过多的指令，但同样要多次找正，至少保证最后两次找正位置基本重合。

目前很多电火花机床的感知灵敏度可以进行设置。如使用一般灵敏度，机器默认每次感知的误差通常不超过 5 μm。如果超过 5 μm，则机床自动提示操作者。如机床在执行 G80 X+命令时，机床沿着 X 轴正方向自动对工件至少进行两次感知，每次都记下相应的坐标数据。如果两次数据相差大于内部设定的值，如 5 μm，则机床提示操作者感知不准，需要机床操作者分析判断原因，经处理后再重新感知。

2. 使用基准球感知工件定位

在电火花加工中，通常利用电极与工件的直接感知来进行电极的定位，但由于电极的接触面积较大、电极或工件有毛刺等因素的影响，电极定位精度通常在 0.01 mm 左右。目前现代化的企业纷纷采用基准球定位(如图 4-42 所示)。基准球定位过程中采用的是点接触，接触面积小，定位准确，定位精度小于 0.005 mm。

4-8

目前使用基准球定位的方法主要有两种：

① 使用安装在电火花机床主轴上的基准球定位，工作台上不需要基准球。这种定位方法的前提是：电极主轴安装 3R 或 EROWA 等标准夹具，基准球安装在机床主轴上，且与主轴中心完全重合，如图 4-42(a)所示电极固定在 3R 或 EROWA 夹具上，且电极的放电部位中心与夹具中心重合(如果不重合，则需要测量电极中心与夹具中心的偏移距离)。

② 使用两个基准球定位，一个基准球安装在电火花机床主轴上，另一个放置在机床工作台上，如图 4-42(b)所示。这种定位方法应用较广，安装在电火花机床主轴上的基准球不需要与机床主轴重合。

现以使用两个基准球为例详细介绍使用基准球将电极定位于工件中心的方法。其主要定位过程分四个阶段，具体如下：

(a) 放置在电火花机床主轴上的基准球　　　　(b) 固定在电火花机床工作台上的基准球

图 4-42　基准球定位

1) 放置在工作台上的基准球机械坐标的确定

放置在工作台上的基准球位置，主要通过安装在电火花机床主轴上的基准球(上基准球)与工作台上的基准球(下基准球)感知来确定，具体如图 4-43 所示。首先操作机床面板，通过目测方法将上基准球移到工作台基准球的正上方 3～5 mm 处，设置上下基准球感知的相关参数，如图 4-43(a)所示，两个基准球首先从 Z 方向进行感知，再分别从 X、Y 方向感知。由此得到工作台上基准球最高点处的机械坐标。如图 4-43(b)所示，两个基准球感知后得到工作台上的基准球最高点处的机械坐标为 X(245.832)、Y(111.584)、Z(266.744)。

为了得到工作台上的基准球最高点处的精确机械坐标，通常上、下基准球需要感知两次。 在感知前，需要确保上、下基准球表面干净无油污。如果基准球表面较脏，则有可能影响感知的精度，必要时需用干净的布片蘸酒精擦拭基准球表面。

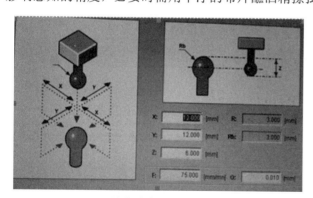 

(a) 基准球感知示意图　　　　　　　　　　　(b) 基准球机械坐标

图 4-43　工作台上基准球位置的确定

2) 工件机械坐标的确定

工件的位置(工件外中心)主要通过上基准球与工件的感知来确定，具体如图 4-44 所示。首先操作机床面板，通过目测将安装在机床主轴上的基准球尽可能移到工件外中心上方 3～5 mm 处，设置感知的相关参数如图 4-44(a)所示，上基准球首先从 Z 方向向下感知工件，再分别从 X、Y 方向感知。由此得到工件上表面外中心处的机械坐标。如图 4-44(b)所示，感知后得到工件上表面外中心处的机械坐标为 X(141.459)、Y(103.244)、Z(263.509)。

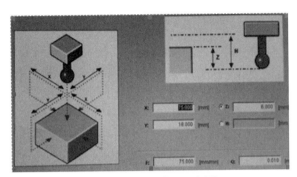
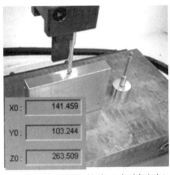

(a) 基准球感知示意图　　　　　　　(b) 工件上表面外中心机械坐标

图 4-44　工件中心坐标的确定

3) 电极机械坐标的确定

电极中心位置主要通过电极与下基准球的感知来确定，具体如图 4-45 所示。首先操作机床面板，通过目测将电极的中心尽可能移到下基准球上方 3～5 mm 处，设置感知的相关参数，如图 4-45(a)所示，电极首先从 Z 方向向下感知基准球，再分别从 X、Y 方向感知。由此得到电极下表面外中心处的机械坐标。如图 4-45(b)所示，感知后得到电极下表面外中心处的机械坐标为 X(21.877)、Y(13.877)、Z(−36.177)。

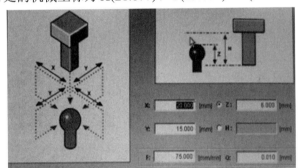

(a) 基准球感知示意图　　　　　　　(b) 电极下表面外中心机械坐标

图 4-45　电极坐标的确定

4) 电极定位于工件外中心

完成上述步骤后，激活工件，执行 X0Y0Z1，即可将电极定位于工件外中心表面 1 mm 处，其机械坐标为 X(163.335)、Y(117.121)、Z(228.333)，如图 4-46 所示。

通过上面的坐标值，不难发现在 X 方向的电极、工件的坐标值满足：163.335 = 141.459 + 21.877，Y 方向的电极、工件的坐标值满足：117.121 = 103.244 + 13.877，Z 方向的电极、工件的坐标值满足：228.333 = 263.509 − 36.177 + 1。(上述数值为经机器四舍五入后的计算值。)

图 4-46　电极定位于工件中心

4.2.4 工件的准备

电火花加工在整个零件的加工中属于最后一道工序或接近最后一道工序，所以在加工前宜认真准备工件，具体内容如下：

1. 工件的预加工

4-9

一般来说，机械切削的效率比电火花加工的效率高。所以电火花加工前，尽可能用机械加工的方法去除大部分加工余料，即预加工(如图4-47所示)。

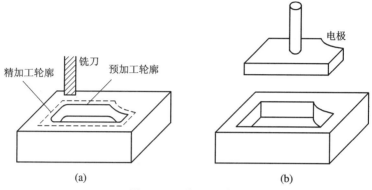

图4-47 预加工示意图

预加工可以节省电火花粗加工时间，提高总的生产效率，但预加工时要注意：

(1) 所留余量要合适，尽量做到余量均匀，否则会影响型腔表面粗糙度和电极不均匀的损耗，破坏型腔的仿型精度。

(2) 对一些形状复杂的型腔，预加工比较困难，可直接进行电火花加工。

(3) 在缺少通用夹具的情况下，用常规夹具在预加工中需要将工件多次装夹。

(4) 预加工后使用的电极上可能有铣削等机加工痕迹(如图4-48所示)，如用这种电极精加工则可能影响到工件的表面粗糙度。

(5) 预加工过的工件进行电火花加工时，在起始阶段加工稳定性可能存在问题。

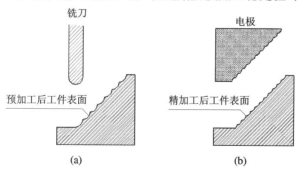

图4-48 预加工后工件表面

2. 热处理

工件在预加工后，便可以进行淬火、回火等热处理，即热处理工序尽量安排在电火花加工前面，因为这样可避免热处理变形对电火花加工尺寸精度、型腔形状等的影响。

热处理安排在电火花加工前也有其缺点，如电火花加工将淬火表层加工掉一部分，影响了热处理的质量和效果。所以有些型腔模安排在热处理前进行电火花加工，这样型腔加工后钳工抛光容易，并且淬火时的淬透性也较好。

由上可知，在生产中应根据实际情况，恰当地安排热处理的工序。

3．其他工序

工件在电火花加工前还必须除锈去磁，否则在加工中工件吸附铁屑，很容易引起拉弧烧伤。

4.2.5 电蚀产物的排除

经过前面的学习，大家知道如果电火花加工中电蚀产物不能及时排除，则会对加工产生巨大的影响。

电蚀产物的排除虽然是加工中出现的问题，但为了较好地排除电蚀产物，其准备工作必须在加工前做好。通常采用的方法如下：

1) 电极冲油(如图 4-49 所示)

在电极上开小孔，并强迫冲油是型腔电加工最常用的方法之一。冲油小孔直径一般为 $\phi 0.5\sim\phi 2\ mm$，可以根据需要开一个或几个小孔。

2) 工件冲油(如图 4-50 所示)

工件冲油是穿孔电加工最常用的方法之一。由于穿孔加工大多在工件上开有预孔，因而具有冲油的条件。型腔加工时如果允许工件加工部位开孔，则也可采用此法。

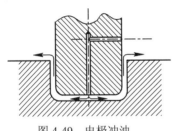

图 4-49　电极冲油

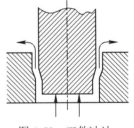

图 4-50　工件冲油

3) 工件抽油(如图 4-51 所示)

工件抽油常用于穿孔加工。由于加工的蚀除物不经过加工区，因而加工斜度很小。抽油时要使放电时产生的气体(大多是易燃气体)及时排放，不能积聚在加工区，否则会引起"放炮"。"放炮"是严重的事故，轻则工件移位，重则工件炸裂，主轴头受到严重损伤。通常在安放工件的油杯上采取措施，将抽油的部位尽量接近加工位置，将产生的气体及时抽走。

抽油的排屑效果不如冲油好。

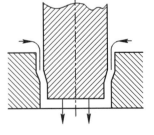

图 4-51 工件抽油

冲油和抽油对电极损耗有影响(如图 4-52 所示)，尤其是对排屑条件比较敏感的紫铜电极的损耗影响更明显，所以排屑较好时则不用冲、抽油。

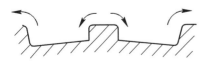

(a) 电极冲油对电极损耗的影响　　　　(b) 电极抽油对电极损耗的影响

图 4-52 电极冲、抽油对电极损耗的影响

4) 开排气孔

大型型腔加工时经常在电极上开排气孔。该方法工艺简单，虽然排屑效果不如冲油，但对电极损耗影响较小。开排气孔在粗加工时比较有效，精加工时需采用其他排屑办法。

5) 抬刀

工具电极在加工中边加工边抬刀是最常用的排屑方法之一。通过抬刀，电极与工件间的间隙加大，液体流动加快，有助于电蚀产物的快速排除。

抬刀有两种情况：一种是定时的周期抬刀，目前绝大部分电火花机床具备此功能。另一种是自适应抬刀，可以根据加工的状态自动调节进给的时间和抬起的时间(即抬起高度)，使加工一直处于正常状态。自适应抬刀与自适应冲油一样，在加工出现不正常时才抬刀，正常加工时则不抬刀。显然，自适应抬刀对提高加工效率有益，减少了不必要的抬刀。

6) 电极的摇动或平动

电火花加工中电极的平动或摇动加工从客观上改善了排屑条件。排屑的效果与电极平动或摇动的速度有关。

在采用上述方法实现工作液冲油或抽油强迫循环中，往往需要在工作台上装上油杯(如图4-53所示)，油杯的侧壁和底边上开有冲油和抽油孔。电火花加工时，工作液会分解产生气体(主要是氢气)。这种气体如不及时排出，就会存积在油杯里，若被电火花放电引燃，则将产生放炮现象，造成电极与工件位移，给加工带来很大麻烦，影响被加工工件的尺寸精度。

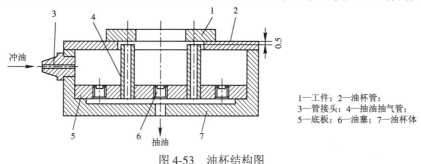

1—工件；2—油杯管；
3—管接头；4—抽油抽气管；
5—底板；6—油塞；7—油杯体

图 4-53 油杯结构图

所以，对油杯的应用要注意以下几点：

(1) 油杯要有合适的高度，能满足加工较厚工件的电极伸出长度，在结构上应满足加工型孔的形状和尺寸要求。油杯的形状一般有圆形和长方形两种，都应具备冲、抽油的条件。为防止在油杯顶部积聚气泡，抽油的抽气管应紧接在工件底面。

(2) 油杯的刚度和精度要好。根据加工的实际需要，油杯的两端面不平度不能超过0.01 mm，同时密封性要好，防止有漏油现象。

(3) 油杯底部的抽油孔，如底部安装不方便，可安置在靠底部侧面，也可省去抽油抽气管4和底板5，而直接安置在油杯侧面的最上部。

4.3 加工规准转换及加工实例

在电火花加工中最常见的方法是先粗加工，然后再中加工、精加工。不同的加工需要采用不同的电加工规准，那么不同的电加工规准如何转换呢？这是电火花加工中必须解决的问题。

4.3.1 加工规准转换

电火花加工中，在粗加工完成后，再使用其他规准加工，使工件表面粗糙度逐步降低，逐步达到加工尺寸。在加工中，规准的转换还需要考虑其他因素，如加工中的最大加工电流要根据不同时期的实际加工面积确定并进行调整，但总体上讲有一些共同点。

1．掌握加工余量

这是提高加工质量和缩短加工时间的最重要环节。一般来说，分配加工余量要做到事先心中有数，在加工过程中只进行微小的调整。

加工余量的控制，主要从表面粗糙度和电极损耗两方面来考虑。在一般型腔低损耗($\theta<1\%$)加工中能达到的各种表面粗糙度与最小加工余量有一定的规律(如表4-3所示)。在加工中必须使加工余量不小于最小加工余量。若加工余量太小，则最后粗糙度加工不出或者工件达不到规定的尺寸。

表 4-3　表面粗糙度与最小加工余量的关系

表面粗糙度 $Ra/\mu m$		最小加工余量
低损耗规准的范围($\theta<1\%$)	50 以上	0.5～1
	50～25	1
	12.5	0.20～0.40
	6.3	0.10～0.20
	3.2	0.05～0.10
	1.6	0.05 以下
	0.8	

对有损耗加工，最小加工余量与表面粗糙度的对应规律不太明显，所以有损耗加工尤其要注意控制加工余量。

2．表面粗糙度逐级逼近

电规准转换的另一个要点是使表面粗糙度逐级逼近，非常忌讳表面粗糙度转换过大，尤其是要防止在损耗明显增大的情况下又使表面粗糙度差别很大。这样电极损耗的痕迹会直接反映在电极表面上，使最后加工表面粗糙度变差。

表面粗糙度逐级逼近是降低表面粗糙度的一种经济有效的方法，否则将使加工质量变差，效率变低。低损耗加工时表面粗糙度转换可以大一些。转换规准的时机是必须把前一电规准的粗糙表面全部均匀修光并达到一定尺寸后才进行下一电规准的加工。

3．尺寸控制

加工尺寸控制也是规准转换时应予充分注意的问题之一。一般来说，X、Y 平面尺寸的控制比较直观，并可以在加工过程中随时进行测量；加工深度的控制比较困难，一般机床只能指示主轴进给的位置，至于实际加工深度还要考虑电极损耗和电火花间隙。因此在一般情况下深度方向都加工至稍微超过规定尺寸，然后在加工完之后，再将上平面磨去一部分。

近年来新发展研制的数控机床，有的具有加工深度的显示，比较高级的机床其显示的深度还自动地扣除了放电间隙和电极损耗量。

4．损耗控制

在理想的情况下，当然最好是在任何表面粗糙度时都用低损耗规准加工，这样加工质量比较容易控制，但这并不是在所有情况下都能够办到的。同时由于低损耗加工的效率比有损耗加工要低，故对于某些要求并不太高而加工余量又很大的工件，其电极损耗的工艺要求可以低一些。有的加工，由于工艺条件或者其他因素，其电极损耗很难控制，因此要采取相应的措施才能完成一定要求的放电加工。

在加工中，为了有目的地控制电极损耗，应先了解如下内容：

(1) 如果用石墨电极作粗加工，则电极损耗一般可以达到 1%以下。

(2) 用石墨电极采用粗、中加工规准加工得到的零件的最小表面粗糙度 Ra 能达到 3.2 μm，但通常只能在 6.3 μm 左右。

(3) 若用石墨作电极且加工零件的表面粗糙度 Ra<3.2 μm，则电极损耗约在 15%～50%之间。

(4) 不管是粗加工还是精加工，电极角部损耗比上述还要大。粗加工时，电极表面会产生缺陷。

(5) 紫铜电极粗加工的电极损耗量也可以低于 1%，但加工电流超过 30 A 后，电极表面会产生起皱和开裂现象。

(6) 在一般情况下用紫铜作电极采用低损耗加工规准进行加工，零件的表面粗糙度 Ra 可以达到 3.2 μm 左右。

(7) 紫铜电极的角损耗比石墨电极更大。

了解上述情况后，在规准转换时控制损耗就比较有把握了。电规准转换时对电极损耗的控制最主要的是要掌握低损耗加工转向有损耗加工的时机，也就是用低损耗规准加工到什么表面粗糙度，加工余量多大的时候才用有损耗规准加工，每个规准的加工余量取多少才比较适当。

石墨电极低损耗加工表面粗糙度 Ra 一般达到 6.3 μm 左右，转向有损耗加工时其加工余量一般控制在 0.20 mm 以下，这样就可以使总的电极损耗量小于 0.20 mm。当然形状不同，加工工艺条件不同，低损耗规准的要求也不一样。例如，形状简单的型腔的低损耗规准与窄槽等的低损耗规准就不一样，转换规准时机也不一样，前者 T_{on}/I_p 值可以小一些，后者则要大一些；前者在损耗值允许时，可以在粗糙度较大的情况下转换为有损耗加工，后者则为了保证成型精度，应当尽可能用低损耗规准加工到较小的粗糙度。

紫铜电极加工时，除了要控制 T_{on}/I_p 值外，还要注意加工电流不要太大。规准转换时要使低损耗加工粗糙度达到尽量小的等级，使精加工损耗量减少到最低限度。

4.3.2 电火花加工条件

4-10

与其他加工方法相比，影响电火花加工的因素较多，并且在加工过程中还存在着许多不确定或难以确定的因素。如脉冲电源的极性、脉宽、脉间、电流峰值、电极的放电面积、加工深度、电极缩放量等，这些因素与加工速度、加工精度、电极损耗等加工效果有着密切的关系。这要求操作者有丰富的经验，才能达到预期的加工效果。如果操作者经验不足，设备的性能和功能就得不到充分的发挥，会造成很大的资源浪费。针对这种情况，电火花加工机床制造商研制了含有工艺数控库的自动加工系统，里面包含若干种加工情况下的电火花加工条件表。表 4-4 为北京阿奇 SP 型电火花机床针对使用紫铜作电极加工钢，并且电极损耗较小时的加工条件表。在工作中若采用某一电火花加工条件进行加工，则系统自动采用该加工条件所包含的电参数进行加工，加工后零件也基本能达到相对应的表面粗糙度。加工中明确电火花加工条件，可以降低电火花机床操作员对电火花加工参数的选择难度。下面以校徽图案的加工(如图 4-54 所示)为例说明电火花加工条件的选用方法。

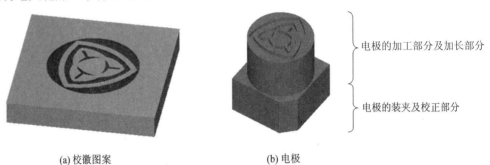

(a) 校徽图案　　　　　　　　　　(b) 电极

图 4-54　校徽电火花加工

例 4.4　现有北京阿奇电火花机床，请选择加工校徽图案的电火花加工条件。

校徽图案型腔表面要求有很好的表面粗糙度，图案清晰，因此根据加工该型腔的电火花机床(北京阿奇工业电子有限公司的 SP 型)的说明书选用表 4-4 所示的铜打钢——最小损耗型参数表(注：与其他参数表相比，选用最小损耗型参数表中的加工条件来进行加工，电极损耗小)。

表 4-4　铜打钢——最小损耗型参数表(仅供参考)

条件号	面积/cm²	安全间隙/mm	放电间隙/mm	加工速度/(mm³/min)	损耗/%	侧面 Ra/μm	底面 Ra/μm	极性	电容	高压管数	管数	脉冲间隙/mm	脉冲宽度/mm	模式	损耗类型	伺服基准	伺服速度	极限值 脉冲间隙	极限值 伺服基准
100		0.009	0.009			0.86	0.86	+	0	0	3	2	2	8	0	85	8	2	85
101		0.035	0.025			0.90	1.0	+	0	0	2	6	9	8	0	80	8	2	65
103		0.050	0.040			1.0	1.2	+	0	0	3	7	11	8	0	80	8	2	65
104		0.060	0.048			1.1	1.7	+	0	0	4	8	12	8	0	80	8	2	64
105		0.105	0.068			1.5	1.9	+	0	0	5	9	13	8	0	75	8	2	60
106		0.130	0.091			1.8	2.3	+	0	0	6	10	14	8	0	75	10	2	58
107		0.200	0.160	2.7		2.8	3.6	+	0	0	7	12	16	8	0	75	10	2	60
108	1	0.350	0.220	11.0	0.10	5.2	6.4	+	0	0	8	13	17	8	0	75	10	4	55
109	2	0.419	0.240	15.7	0.05	5.8	6.3	+	0	0	9	15	19	8	0	75	12	6	52
110	3	0.530	0.295	26.2	0.05	6.3	7.9	+	0	0	10	16	20	8	0	70	12	7	52
111	4	0.670	0.355	47.6	0.05	6.8	8.5	+	0	0	11	16	20	8	0	70	12	7	55
112	6	0.748	0.420	80.0	0.05	9.68	12.1	+	0	0	12	16	21	8	0	65	15	8	52
113	8	1.330	0.660	94.0	0.05	11.2	14.0	+	0	0	13	16	24	8	0	65	15	11	55
114	12	1.614	0.860	110.0	0.05	12.4	15.5	+	0	0	14	16	25	8	0	58	15	12	52
115	20	1.778	0.959	214.5	0.05	13.4	16.7	+	0	0	15	17	26	8	0	58	15	13	52

加工条件的选择方法如下：

(1) 确定初始加工条件。电火花加工中初始加工条件是根据放电面积和电极缩放量来综合确定的。放电面积是首要的因素，如果放电面积较小，则只能选择较小的电火花加工条件。电极缩放量是确定初始电火花加工条件的次要因素，在放电面积允许的前提下，电极缩放量越大，越能选择更大的加工条件。

本例题加工校徽图案型腔，尺寸精度要求不高，在选择初始电火花加工条件时，可以不考虑电极缩放量影响，只根据放电面积来选择初始加工条件。经测量，加工校徽图案电极在工作台面的投影面积约为 2.9 cm^2。根据表 4-4，初始加工条件选择 C110。选用该条件加工时，型腔底部的表面粗糙度为 7.9 μm。

(2) 最终加工条件确定。精加工最终加工条件是根据工件表面粗糙度要求来确定的。这是因为工件的表面粗糙度主要依靠精加工来实现，使用最终加工条件加工后，工件的表面粗糙度必须达到图纸要求。

本例题中，校徽图案型腔表面粗糙度要求较高，至少要求图案型腔的表面粗糙度不大于 1.6 μm。如果校徽图案型腔表面粗糙度达不到要求，则注塑成型后的校徽光泽度可能会达不到要求。

根据表 4-4，当选用加工条件 C103 时，型腔的侧面表面粗糙度为 1.0 μm，底面表面粗糙度为 1.2 μm，达到使用要求。

(3) 中间条件全选，即加工过程为：C110—C109—C108—C107—C106—C105—C104—C103。

表 4-4 中部分参数说明如下：

高压管数：高压管数为 0 时，两极间的空载电压为 100 V，否则为 300 V；管数为 0～3 时，每个功率管的电流为 0.5 A。高压管一般在小面积加工时加工不动或精加工时加工不易打均匀的情况下选用。

电容：即在两极间回路上增加一个电容，用于非常小的表面或粗糙度要求很高的电火花加工，以增大加工回路间的间隙电压。

伺服速度：即伺服反应的灵敏度，其值在 0～20 之间。其值越大灵敏度越高。所谓的反应灵敏度，是指加工时出现不良放电时的抬刀快慢。

模式：由两位十进制数字构成。00：关闭(OFF)，用于排屑状态特别好的情况；04：用于深孔加工或排屑状态特别困难的情况；08：用于排屑状态良好的情况；16：抬刀自适应，当放电状态不好时，自动减小两次抬刀之间的放电时间，这时，抬刀高度(UP)一定要不为零；32：电流自适应控制。

放电间隙：加工条件的火花间隙，为双边值。

安全间隙：加工条件的安全间隙为双边值。一般来说，安全间隙值 M 包含三部分：放电间隙、粗加工侧向表面粗糙度、安全余量(主要考虑温度影响、表面粗糙度测量误差)。

另外需要注意的是：如果工件加工后需要抛光，那么在水平尺寸的确定过程中需要考虑抛光余量等再加工余量。在一般情况下加工钢时，抛光余量为精加工表面粗糙度最大值的 3 倍；加工硬质合金钢时，抛光余量为精加工表面粗糙度最大值的 5 倍。

底面 Ra：加工工件的底面粗糙度。

侧面 Ra：加工工件的侧面粗糙度。

4.3.3 加工实例

例 4.5 加工一直径为 20 mm 的圆柱孔，深 5 mm，要求表面粗糙度值为 1.6 μm，损耗与效率兼顾，工件材料为钢，电极为紫铜。

> 加工准备

(1) 工件的准备。

将工件去除毛刺，除磁去锈。将工件校正，使工件的一边与机床坐标轴 X 轴或 Y 轴平行。

(2) 电极的准备。

① 电极的尺寸设计。电极的尺寸设计包含垂直方向尺寸设计和水平方向尺寸设计。电极的具体形状可参考图 4-55。

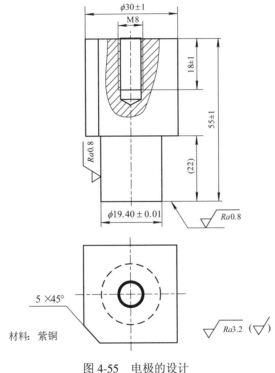

图 4-55　电极的设计

垂直方向尺寸设计：电极用来加工部分，根据经验在加工型腔深度 10 mm 的基础上需要增加 10～20 mm。

水平方向尺寸设计：电极水平方向尺寸确定前，需要选取适当的电极缩放量。

本例题用一个电极同时进行粗加工和精加工。根据电极加工面积，依据表 4-2 选取，电极单边缩放量为 0.3 mm，电极的水平尺寸设计为

$$20 - 2 \times 0.3 = 19.4 \text{ mm}$$

② 电极装夹与校正。根据电极的装夹与校正方法将电极装夹在电极夹头上，校正电极。

③ 电极的定位。本例电极定位十分精确，电火花加工定位过程如图 4-56 所示，通常采用机床的自动找外中心功能实现电极在工件中心的定位。

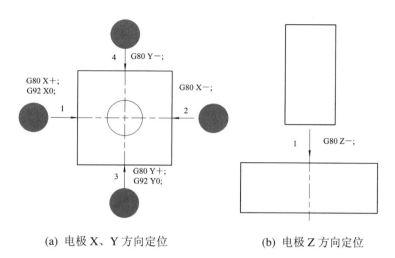

(a) 电极 X、Y 方向定位　　　　　　　　(b) 电极 Z 方向定位

图 4-56　电极的定位

电极定位时，首先分别在 X+、X−、Y+、Y− 四个方向对电极进行感知，可以将电极定位于工件 XY 方向的中心。同理，电极通过 G80 Z− 可以实现电极在 Z 方向的定位。(思考：如何实现电极的精确定位？)

(3) 电火花加工条件的选择。

根据前面所述，考虑到制造公差，电极的水平方向尺寸设计为 $\phi 19.40 \pm 0.01$ mm。根据设计尺寸，实际加工出来的电极的尺寸围绕 19.40 mm 波动，可能为 19.39 mm，也可能为 19.41 mm。下面分别以电极尺寸为 19.41 mm、19.39 mm 为例，采用北京阿奇某型号机床的铜打钢——标准型参数表(见表 4-5)说明电火花加工条件的选择。

① 电极尺寸为 19.41 mm。

首先确定初始加工条件。电火花加工中初始加工条件根据放电面积和电极缩放量来综合确定，放电面积是首要的因素。

电极放电面积(电极横截面)为 $3.14 \times (1.94)^2 / 4 = 2.95$ cm^2。由电极放电面积，根据表 4-5，可选择初始加工条件 C130。

电极单边缩放量为 $(20 - 19.41)/2 = 0.295$。由于粗加工电极单边缩放量不小于单边安全间隙，因此安全间隙应不大于 $2 \times 0.295 = 0.59$ mm。根据表 4-5，初始加工条件选择 C130。

综合放电面积及电极缩放量，初始加工条件选择 C130。

接着确定最终加工条件。精加工最终加工条件根据工件表面粗糙度要求来确定。本例题型腔加工的最终表面粗糙度为 $Ra1.6$，由表 4-5 选择最终加工条件 C124。

因此，工件的加工条件为 C130—C129—C128—C127—C126—C125—C124。

为了进一步理解电火花加工过程，下面计算每个加工条件执行完后的孔深。电火花加工过程中，电极在深度方向有刀补，粗加工的刀补为该加工条件单边安全间隙，精加工的刀补为该加工条件的单边放电间隙，每个加工条件加工完后，型腔孔的实际孔深如表 4-6 所示。由此可知：在电火花加工中，初始加工条件去除了工件的绝大部分加工量，最终加工条件除去的加工量也相对较大。

实际加工中，执行初始加工条件和最终加工条件需要的时间相对较长，执行中间加工条件需要的时间非常短。

表 4-5 铜打钢——标准型参数表

条件号	面积/cm²	安全间隙/mm	放电间隙/mm	加工速度/(mm³/min)	损耗/%	侧面Ra/μm	底面Ra/μm	极性	电容	高压管数	管数	脉冲间隙/mm	脉冲宽度/mm	模式	损耗类型	伺服基准	伺服速度	极限值脉冲间隙	极限值伺服基准
121		0.045	0.040			1.1	1.2	+	0	0	2	4	8	8	0	80	8		
123		0.070	0.045			1.3	1.4	+	0	0	3	4	8	8	0	80	8		
124		0.10	0.050			1.6	1.6	+	0	0	4	6	10	8	0	80	8		
125		0.12	0.055			1.9	1.9	+	0	0	5	6	10	8	0	75	8		
126		0.14	0.060			2.0	2.6	+	0	0	6	7	11	8	0	75	10		
127		0.22	0.11	4.0		2.8	3.5	+	0	0	7	8	12	8	0	75	10		
128	1	0.28	0.165	12.0	0.40	3.7	5.8	+	0	0	8	11	15	8	0	75	10	5	52
129	2	0.38	0.22	17.0	0.25	4.4	7.4	+	0	0	9	13	17	8	0	75	12	6	52
130	3	0.46	0.24	26.0	0.25	5.8	9.8	+	0	0	10	13	18	8	0	70	12	6	50
131	4	0.61	0.31	46.0	0.25	7.0	10.2	+	0	0	11	13	18	8	0	70	12	5	48
132	6	0.72	0.36	77.0	0.25	8.2	12	+	0	0	12	14	19	8	0	65	15	5	48
133	8	1.00	0.53	126.0	0.15	12.2	15.2	+	0	0	13	14	22	8	0	65	15	5	45
134	12	1.06	0.544	166.0	0.15	13.4	16.7	+	0	0	14	14	23	8	0	58	15	7	45
135	20	1.581	0.84	261.0	0.15	15.0	18.0	+	0	0	15	16	25	8	0	58	15	8	45

表 4-6 加工条件与实际孔深对应表　　　　　　单位：mm

项　目	加工条件						
	C130	C129	C128	C127	C126	C125	C124
深度方向刀补	0.46/2	0.38/2	0.28/2	0.22/2	0.14/2	0.12/2	0.050/2
电极在Z方向位置	−5 + 0.23	−5+ 0.19	−5 + 0.14	−5 + 0.11	−5 + 0.07	−5 + 0.06	−5 + 0.025
单边放电间隙	0.24/2	0.22/2	0.165/2	0.11/2	0.06/2	0.055/2	0.050/2
该条件加工完后的孔深	−5 + 0.23 −0.24/2 = −4.89	−5 + 0.19 −0.22/2 = −4.92	−5 + 0.14 −0.165/2 = −4.943	−5 + 0.11 −0.11/2 = −4.945	−5 + 0.07 −0.06/2 = −4.96	−5 + 0.06 −0.055/2 = −4.968	−5 + 0.025 −0.055/2 = −5
Z方向加工量	4.89	0.03	0.023	0.002	0.015	0.008	0.032
备注	粗加工	粗加工	粗加工	粗加工	粗加工	粗加工	精加工

② 电极尺寸为 19.39 mm。

首先确定初始加工条件。

电极放电面积(电极横截面)为 $3.14 \times (1.939)^2/4 = 2.95\ cm^2$。由电极放电面积,根据表 4-5,可选择初始加工条件 C130。

电极单边缩放量为 $(20 - 19.39)/2 = 0.305$。由于粗加工电极单边缩放量不小于单边安全间隙，因此安全间隙应不大于 $2 \times 0.305 = 0.61$ mm。根据表 4-5，初始加工条件选择 C131。

综合放电面积及电极缩放量，初始加工条件选择 C130。

然后确定最终加工条件。精加工最终加工条件根据工件表面粗糙度要求来确定。最终表面粗糙度为 1.6 μm，由表 4-5 选择最终加工条件 C124。

因此，工件最终的加工条件为 C130—C129—C128—C127—C126—C125—C124。

(4) 生成 ISO 代码。

当电极直径为 19.41 时，其程序如下：

```
停止位置=1.000   mm
加工轴向=Z-
材料组合=铜-钢
工艺选择=标准值
加工深度=5.000   mm
尺 寸 差=0.590mm
粗 糙 度=2.000   μm        方式=打开    形腔数=0
投影面积=3.14   cm2    自由圆形平动   平动半径   0.295mm
T84；(液泵打开)
G90；(绝对坐标系)
G30 Z+；(设定抬刀方向)
H970=5.0000；(machine depth) ( 加工深度值，便于编程计算)
H980=1.0000；(up-stop position) (机床加工后停止高度)
G00 Z0 + H980；(机床由安全高度快速下降定位到 z=1 的位置)
M98 P0130；(调用子程序 N0130)
M98 P0129；(调用子程序 N0129)
M98 P0128；(调用子程序 N0128)
M98 P0127；(调用子程序 N0127)
M98 P0126；(调用子程序 N0126)
M98 P0125；(调用子程序 N0125)
M98 P0124；(调用子程序 N0124)
T85 M02；(关闭油泵，程序结束)
；
N0130；
G00 Z+0.5；(快速定位到工件表面 0.5 mm 的地方)
C130 OBT001 STEP0065；(采用 C130 条件加工，平动量为 65 μm)
G01 Z+0.230-H970；(加工到深度为−5+0.23=−4.77 mm 的位置)
M05 G00 Z0+H980；(忽略接触感知，电极快速抬刀到工件表面 1 mm 的位置)
M99；(子程序结束，返回主程序)
；
N0129；
G00 Z+0.5；(快速定位到工件表面 0.5 mm 的地方)
```

C129 OBT001 STEP0143；(采用 C129 条件加工，平动量为 143 μm)

G01 Z+0.190-H970；(加工到深度为−5+0.19=−4.81 mm 的位置)

M05 G00 Z0+H980；(忽略接触感知，电极快速抬刀到工件表面 1 mm 的位置)

M99；

；

N0128；

G00 Z+0.5；

C128 OBT001 STEP0183；(采用 C128 条件加工，平动量为 183 μm)

G01 Z+0.140-H970；(加工到深度为−5+0.14=−4.86 mm 的位置)

M05 G00 Z0+H980；

M99；

；

N0127；

G00 Z+0.5；

C127 OBT001 STEP0207；(采用 C127 条件加工，平动量为 207 μm)

G01 Z+0.15-H970；(加工到深度为−5+0.11=−4.89 mm 的位置)

M05 G00 Z0+H980；

M99；

；

N0126；

G00 Z+0.5；

C126 OBT001 STEP0239；(采用 C126 条件加工，平动量为 239 μm)

G01 Z+0.070-H970；(加工到深度为−5+0.07=−4.93 mm 的位置)

M05 G00 Z0+H980；

M99；

；

N0125；

G00 Z + 0.5；

C125 OBT001 STEP0247；(采用 C125 条件加工，平动量为 247 μm)

G01 Z + 0.060-H970；(加工到深度为− 5+ 0.06 = −4.94 mm 的位置)

M05 G00 Z0 + H980；

M99；

；

N0124；

G00 Z + 0.5；

C125 OBT001 STEP0270；(采用 C124 条件加工，平动量为 270 μm)

G01 Z + 0.025-H970； (加工到深度为− 10 + 0.025 = −4.975 mm 的位置)

M05 G00 Z0 + H980；

M99；

(5) 平动量的计算。

若用电极单边缩放量为 0.295 的电极加工此工件，则需要使用平动加工。平动量的选择也需要实际经验，大部分机床能在加工时自动计算并选择平动量。北京阿奇夏米尔技术服务有限责任公司推荐一种计算方法，具体如下：

$$平动半径(R) = 电极单边缩放量 = (20 - 19.41)/2 = 0.295 \text{ mm}$$
$$每个条件的平动量 = R - M/2(首要条件)$$
$$= R - 0.4M(中间条件)$$
$$= R - \delta_0(最终条件)$$

本例题平动量的计算具体如表 4-7 所示。

表 4-7　平动量的计算

加工条件	C130	C129	C128	C127	C126	C125	C124
确定方法	$R-M/2$	$R-0.4M$					$R-\delta_0$
平动量	0.295−0.23 =0.065	0.295−0.4×0.38 =0.143	0.295−0.4×0.28 =0.183	0.295−0.4×0.22 =0.207	0.295−0.4×0.14 =0.239	0.295−0.4×0.12 =0.247	0.295−0.5×0.05 =0.270

> 加工

启动机床进行加工。仔细分析表 4-6，可知：

(1) 初始加工条件几乎去除了整个加工量的 99%，因此该段的加工效率要高。

(2) 与中间其他加工条件 C129、C128、C127、C126、C125 相比，最终加工条件 C124 的加工余量(深度方向为 0.032 mm)很大，同时因为 C124 为精加工条件，加工效率最低，因此最终加工条件加工的时间较长。

(3) 在实际加工中，初始加工条件加工与最终加工条件加工所花费的时间长，初始加工条件加工时间长的原因是需要用该条件去除几乎 99%的加工量；最终加工条件加工时间长的原因是加工余量相对加大，且加工效率低。

根据上面分析，若粗加工阶段没有加工到位，则精加工(最终加工条件)阶段所花费的时间就更长，因此，在实际加工中应尽可能保证每个加工条件的加工深度到位，同时根据实际经验减少最终条件的加工量。为了保证每个加工条件的加工深度到位，可以及时在线检测加工深度。如第一个条件加工完后应测量孔深是否为 4.89 mm，若没有达到，则应再用该条件加工到 4.89 mm。

在测量时，为了保证精度，通常采用百分表在线测量。测量时首先将百分表座固定在机床主轴，转动百分表刻度盘，使百分表指示针指向 0 刻度(其目的是便于记忆)，然后缓慢下降 Z 轴，使百分表指示针转动整数圈(如 3 圈)，并确保百分表测头充分接触到工件上表面，如图 4-57(a)所示，记下机床 Z 轴坐标；然后将百分表抬起，移动机床工作台到加工的型腔中心。再次下降 Z 轴，使百分表探针转动与刚才相同的整数圈(如 3 圈)，并使指示针指向 0 刻度，如图 4-57(b)所示，记下此时机床 Z 轴坐标。两次 Z 轴坐标的差值即为型腔的深度。

(a)　　　　　　　　　　　　　(b)

图 4-57　工件深度的在线测量

思考：在上面在线测量中，前后两次机床 Z 轴下降过程中，为什么要保证百分表指示针转动的圈数相同？

4.4　电火花加工中应注意的一些问题

1．加工精度问题

加工精度主要包括"仿形"精度和尺寸两个方面。所谓"仿形"精度，是指电火花加工后的型腔与加工前工具电极几何形状的相似程度。

影响"仿形"精度的因素有：

(1) 使用平动头造成的几何形状失真，如很难加工出清角，尖角变圆等。

(2) 工具电极损耗及"反粘"现象的影响。

(3) 电极装夹校正装置的精度和平动头、主轴头的精度以及刚性影响。

(4) 规准选择转换不当，造成电极损耗增大。

影响尺寸精度的因素有：

(1) 操作者选用的电规准与电极缩小量不匹配，以致加工完成以后，使尺寸精度超差。

(2) 在加工深型腔时，二次放电机会较多，使加工间隙增大，以致侧面不能修光，或者即使能修光，也超出了图纸尺寸。

(3) 冲油管的放置和导线的架设存在问题。导线与油管产生阻力，使平动头不能正常进行平面圆周运动。

(4) 电极制造误差。

(5) 主轴头、平动头、深度测量装置等机械误差。

2．表面粗糙度问题

电火花加工型腔模，有时型腔表面会出现尺寸到位，但修不光的现象。造成这种现象的原因有以下几方面：

(1) 电极对工作台的垂直度没校正好，使电极的一个侧面成了倒斜度，这样相对应模具侧面的上部分就会修不光。

(2) 主轴进给时，出现扭曲现象，影响了模具侧表面的修光。

(3) 在加工开始前，平动头没有调到零位，以致到了预定的偏心量时，有一面无法修出。

(4) 各档规准转换过快，或者跳规准进行修整，使端面或侧面留下粗加工的麻点痕迹，无法再修光。

(5) 电极或工件没有装夹牢固，在加工过程中出现错位移动，影响模具侧面粗糙度的修整。

(6) 平动量调节过大，加工过程出现大量碰撞短路，使主轴不断上下往返，造成有的面修出，有的面修不出。

3．影响模具表面质量的"波纹"问题

用平动头修光侧面的型腔时，在底部圆弧或斜面处易出现"细丝"及鱼鳞状的凸起，这就是"波纹"。"波纹"问题将严重影响模具加工的表面质量，一般"波纹"产生的原因如下：

(1) 电极材料的影响。如在用石墨作电极时，由于石墨材料颗粒粗、组织疏松、强度差，会引起粗加工后电极表面产生严重剥落现象(包括疏松性剥落、压层不均匀性剥落、热疲劳破坏剥落、机械性破坏剥落)，因为电火花加工是精确"仿形"加工，故在电火花加工中石墨电极表面剥落现象经过平动修整后会反映到工件上，即产生了"波纹"。

(2) 中、粗加工电极损耗大。由于粗加工后电极表面粗糙度值很大，中、精加工时电极损耗较大，故在加工过程中工件上粗加工的表面不平度会反拷到电极上，电极表面产生的高低不平又反映到工件上，最终就产生了所谓的"波纹"。

(3) 冲油、排屑的影响。电火花加工时，若冲油孔开设得不合理，排屑情况不良，则蚀除物会堆积在底部转角处，这样也会助长"波纹"的产生。

(4) 电极运动方式的影响。"波纹"的产生并不是平动加工引起的，相反，平动运动能有利于底面"波纹"的消除，但它对不同角度的斜度或曲面"波纹"仅有不同程度的减少，却无法消除。这是因为平动加工时，电极与工件有一个相对错开位置，加工底面错位量大，加工斜面或圆弧错位量小，因而导致两种不同的加工效果。

"波纹"的产生既影响了工件表面粗糙度，又降低了加工精度，为此，在实际加工中应尽量设法减小或消除"波纹"。

习　题

一、判断题

(　　)1. 若加工深 5 mm 的孔，则加工到终点时电极底部与工件的上表面相距 5 mm。

(　　)2. 电火花加工前，需对工件进行除锈、消磁处理。

(　　)3. 石墨材料机械切削性能好，适宜于制作成薄壁电极。

(　　)4. 精加工电极单边缩放量不小于单边放电间隙。

(　　)5. 粗加工电极单边缩放量不小于单边安全余量。

(　　)6. 为了提高加工速度，在设计电极的水平尺寸时，电极宁大勿小。

(　　)7. 为了提高石墨电极的加工性能，石墨在加工前宜放在工作液中浸泡 2~3 天。

(　　)8. 在电火花加工中，尺寸大的电极的单边缩放量通常大于尺寸小的电极的单边缩放量。

(　　)9. 在电火花成型加工中，工作液循环困难，电蚀产物排除条件相对较差。

( )10. 在电火花成型加工中，为了加强排屑，电极上的冲油孔或排气孔直径越大越好。

二、单项选择题

1. 有关单工具电极直接成形法的叙述中，不正确的是( )。

A. 需要重复装夹　　　B. 不需要平动头　　　C. 加工精度不高　　　D. 表面质量很好

2. 形状复杂而制造困难的电极可以设计成( )。

A. 整体式电极　　　　B. 镶拼式电极　　　　C. 组合电极　　　　　D. 分解式电极

3. 电极感知完工件表面后停留在距工件表面5 mm的地方，若将工件表面设为Z=1 mm，则应把当前Z的座标设置为( )。

A. 1 mm　　　　　　B. 4 mm　　　　　　C. 5 mm　　　　　　D. 6 mm

4. 电火花加工中，通常根据( )选择粗加工条件。

A. 放电面积　　　　　B. 加工精度　　　　　C. 表面粗糙度　　　　D. 加工深度

5. 电极感知完成后停留在距工件表面上方 1 mm 处(垂直)，若执行指令 G92 Z1.01，则加工完成后工件型腔可能( )。

A. 多加工 0.01 mm　　　　　　　　　　　B. 多加工 1.01 mm

C. 少加工 0.01 mm　　　　　　　　　　　D. 少加工 1.01 mm。

三、综合题

1. 在电火花加工中，怎样实现电极在加工工件上的精确定位？

2. 如图 4-58 所示零件，若电极横截面尺寸为 30×28 mm，请问：

(1) 电火花加工的条件如何选择？

(2) 电极如何在 X 方向和 Y 方向定位，请详细写出电极的定位过程。

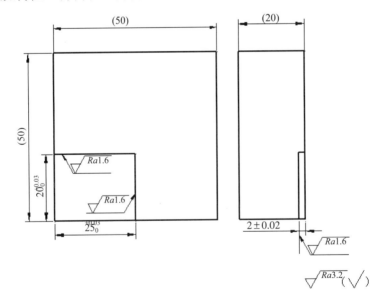

图 4-58　电火花加工零件

第五章 电火花线切割加工工艺规律

电火花线切割加工与电火花成形加工一样，都是依靠火花放电产生的热来去除金属的，所以有较多共同的工艺规律，如增大峰值电流能提高加工速度等。但由于线切割加工与电火花成形加工的工艺条件以及加工方式不尽相同，因此，它们之间的加工工艺过程以及影响工艺指标的因素也存在着较大差异。

和电火花成形加工一样，线切割加工的主要工艺指标有切割速度、加工精度、表面粗糙度等。

5.1　主要工艺指标

1. 切割速度

线切割加工中的切割速度是指在保证一定的表面粗糙度的切割过程中，单位时间内电极丝中心线在工件上切过的面积的总和，单位为 mm^2/min。最高切割速度是指在不计切割方向和表面粗糙度等条件下，所能达到的最大切割速度。通常快走丝线切割加工的切割速度为 $40\sim80\ mm^2/min$，它与加工电流大小有关。为了在不同脉冲电源、不同加工电流下比较切割效果，将每安培电流的切割速度称为切割效率，一般切割效率为 $20\ mm^2/(min \cdot A)$。

2. 加工精度

加工精度是指所加工工件的尺寸精度、形状精度和位置精度的总称。加工精度是一项综合指标，它包括切割轨迹的控制精度、机械传动精度、工件装夹定位精度以及脉冲电源参数的波动、电极丝的直径误差、损耗与抖动、工作液脏污程度的变化、加工操作者的熟练程度等对加工精度的影响。

3. 表面粗糙度

在我国和欧洲，表面粗糙度常用轮廓算术平均偏差 $Ra(\mu m)$ 来表示，在日本常用 R_{max} 来表示。

4. 电极丝损耗量

对快走丝机床，电极丝损耗量用电极丝在切割 $10\ 000\ mm^2$ 面积后电极丝直径的减少量来表示，一般减小量不应大于 0.01 mm。对慢走丝机床，由于电极丝是一次性的，故电极丝损耗量可忽略不计。

5.2　电参数对工艺指标的影响

5-1

1. 放电峰值电流 $\hat{i}_e$ 对工艺指标的影响

放电峰值电流 $\hat{i}_e$ 增大，单个脉冲能量增多，工件放电痕迹增大，故切割速度迅速提高，表面粗糙度数值增大，电极丝损耗增大，加工精度有所下降。因此第一次切割加工及加工较厚工件时取较大的放电峰值电流 $\hat{i}_e$。

放电峰值电流 $\hat{i}_e$ 不能无限制增大，当其达到一定临界值后，若再继续增大峰值电流 $\hat{i}_e$，则加工的稳定性变差，加工速度明显下降，甚至断丝。

2. 脉冲宽度 t_i 对工艺指标的影响

在其他条件不变的情况下，增大脉冲宽度 t_i，线切割加工的速度提高，表面粗糙度变差。这是因为当脉冲宽度增加时，单个脉冲放电能量增大，放电痕迹会变大。同时，随着脉冲宽度的增加，电极丝损耗也变大。因为脉冲宽度增加，正离子对电极丝的轰击加强，结果使得接负极的电极丝损耗变大。

当脉冲宽度 t_i 增大到一临界值后，线切割加工速度将随脉冲宽度的增大而明显减小。因为当脉冲宽度 t_i 达到一临界值后，加工稳定性变差，从而影响了加工速度。

3. 脉冲间隔 t_o 对工艺指标的影响

在其他条件不变的情况下，减小脉冲间隔 t_o，脉冲频率将提高，所以单位时间内放电次数增多，平均电流增大，从而提高了切割速度。

脉冲间隔 t_o 在电火花加工中的主要作用是消电离和恢复液体介质的绝缘。脉冲间隔 t_o 不能过小，否则会影响电蚀产物的排除和火花通道的消电离，导致加工稳定性变差和加工速度降低，甚至断丝。当然，也不是说脉冲间隔 t_o 越大，加工就越稳定。脉冲间隔过大会使加工速度明显降低，严重时不能连续进给，加工变得不稳定。

在电火花成形加工中，脉冲间隔的变化对加工表面粗糙度影响不大。在线切割加工中，在其余参数不变的情况下，脉冲间隔减小，线切割工件的表面粗糙度数值稍有增大。这是因为一般电火花线切割加工用的电极丝直径都在 $\phi 0.25\ mm$ 以下，放电面积很小，脉冲间隔的减小导致平均加工电流增大，由于面积效应的作用，致使加工表面粗糙度值增大。

脉冲间隔的合理选取，与电参数、走丝速度、电极丝直径、工件材料及厚度有很大关系。因此，在选取脉冲间隔时必须根据具体情况而定。当走丝速度较快、电极丝直径较大、工件较薄时，因排屑条件好，可以适当缩短脉冲间隔时间。反之，则可适当增大脉冲间隔。

综上所述，电参数对线切割电火花加工的工艺指标的影响有如下规律：

(1) 加工速度随着加工峰值电流、脉冲宽度的增大和脉冲间隔的减小而提高，即加工速度随着加工平均电流的增加而提高。实验证明，增大峰值电流对切割速度的影响比用增大脉冲宽度的办法显著。

(2) 加工表面粗糙度数值随着加工峰值电流、脉冲宽度的增大及脉冲间隔的减小而增大，不过脉冲间隔对表面粗糙度影响较小。

实践表明，在加工中改变电参数对工艺指标影响很大，必须根据具体的加工对象和要求，综合考虑各因素及其相互影响关系，选取合适的电参数，既优先满足主要加工要求，又同时注意提高各项加工指标。例如，加工精密小零件时，精度和表面粗糙度是主要指标，加工速度是次要指标，这时选择电参数主要满足尺寸精度高、表面粗糙度好的要求。又如加工中、大型零件时，对尺寸的精度和表面粗糙度要求低一些，故可选较大的加工峰值电流、脉冲宽度，尽量获得较高的加工速度。此外，不管加工对象和要求如何，还需选择适当的脉冲间隔，以保证加工稳定进行，提高脉冲利用率。因此选择电参数值是相当重要的，只要能客观地运用它们的最佳组合，就一定能够获得良好的加工效果。

慢走丝线切割机床及部分快走丝线切割机床的生产厂家在操作说明书中给出了较为科学的加工参数表。在操作这类机床中，一般只需要按照说明书正确地选用参数表即可。

4．极性

线切割加工因脉宽较窄，所以都用正极性加工，否则切割速度变低且电极丝损耗增大。

5.3 非电参数对工艺指标的影响

5.3.1 电极丝及其材料对工艺指标的影响

5-2

1．电极丝的选择

目前电火花线切割加工使用的电极丝材料有钼丝、钨丝、钨钼合金丝、黄铜丝、铜钨丝、镀锌丝等。

采用钨丝加工时，可获得较高的加工速度，但放电后丝质易变脆，容易断丝，故应用较少，只在慢走丝弱规准加工中尚有使用。钼丝比钨丝熔点低，抗拉强度低，但韧性好，在频繁的急热急冷变化过程中，丝质不易变脆、不易断丝。钨钼丝(钨、钼各占 50%的合金)加工效果比前两种都好，它具有钨、钼两者的特性，使用寿命和加工速度都比钼丝高。铜钨丝有较好的加工效果，但抗拉强度差些，价格比较昂贵，来源较少，故应用较少。采用黄铜丝作电极丝时，加工速度较高，加工稳定性好，但抗拉强度差，损耗大。

目前，快走丝线切割加工中广泛使用钼丝作为电极丝，慢走丝线切割加工中广泛使用直径为 $\phi 0.1\,\text{mm}$ 以上的黄铜丝作为电极丝。

2．电极丝的直径

电极丝的直径是根据加工要求和工艺条件选取的。在加工要求允许的情况下，可选用直径大些的电极丝。直径大，抗拉强度大，承受电流大，可采用较强的电规准进行加工，能够提高输出的脉冲能量，提高加工速度。同时，电极丝粗，切缝宽，放电产物排除条件好，加工过程稳定，能提高脉冲利用率和加工速度。若电极丝过粗，则难加工出内尖角工件，降低了加工精度，同时切缝过宽使材料的蚀除量变大，加工速度也有所降低；若电极丝直径过小，则抗拉强度低，易断丝，而且切缝较窄，放电产物排除条件差，加工经常出现不稳定现象，导致加工速度降低。细电极丝的优点是可以得到较小半径的内尖角，加工精度能相应提高。表 5-1 是常见的几种直径的钼丝的最小拉断力。快走丝一般采用 $\phi 0.10\sim\phi 0.25\,\text{mm}$ 的钼丝。

表 5-1　几种直径的钼丝的最小拉断力

丝径/mm	最小拉断力/N
0.06	2~3
0.08	3~4
0.10	7~8
0.13	12~13
0.15	14~16
0.18	18~20
0.22	22~25

3．走丝速度对工艺指标的影响

对于快走丝线切割机床，在一定的范围内，随着走丝速度(简称丝速)的提高，有利于脉冲结束时放电通道迅速消电离。同时，高速运动的电极丝能把工作液带入厚度较大工件的放电间隙中，有利于排屑和放电加工稳定进行。故在一定加工条件下，随着丝速的增大，加工速度提高。图 5-1 为快走丝线切割机床走丝速度与切割速度关系的实验曲线。实验证明：当走丝速度由 1.4 m/s 上升到 7～9 m/s 时，走丝速度对切割速度的影响非常明显。若再继续增大走丝速度，切割速度不仅不增大，反而开始下降，这是因为丝速再增大，排屑条件虽

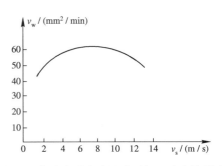

图 5-1　快速走丝方式丝速对加工速度的影响

然仍在改善，蚀除作用基本不变，但是储丝筒一次排丝的运转时间减少，使其在一定时间内的正反向换向次数增多，非加工时间增多，从而使加工速度降低。

　　对应最大加工速度的最佳走丝速度与工艺条件、加工对象有关，特别是与工件材料的厚度有很大关系。当其他工艺条件相同时，工件材料厚一些，对应于最大加工速度的走丝速度就高些，即图 5-1 中的曲线将随工件厚度增加而向右移。

　　对慢走丝线切割机床来说，同样也是走丝速度越快，加工速度越快。因为慢走丝机床的电极丝的线速度范围约为每秒零点几毫米到几百毫米。这种走丝方式是比较平稳均匀的，电极丝抖动小，故加工出的零件表面粗糙度好、加工精度高；但丝速慢导致放电产物不能及时被带出放电间隙，易造成短路及不稳定放电现象。提高电极丝走丝速度，工作液容易被带入放电间隙，放电产物也容易排出间隙之外，故改善了间隙状态，进而可提高加工速度。但在一定的工艺条件下，当丝速达到某一值后，加工速度就趋向稳定(如图 5-2 所示)。

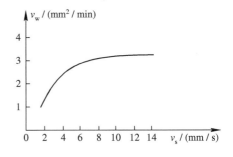

图 5-2　慢速走丝方式丝速对加工速度的影响

　　慢走丝线切割机床的最佳走丝速度与加工对象、电极丝材料、直径等有关。现在慢走丝机床的操作说明书中都会推荐相应的走丝速度值。

4.电极丝往复运动对工艺指标的影响

　　快走丝线切割加工时，加工工件表面往往会出现黑白交错相间的条纹(如图 5-3 所示)，电极丝进口处呈黑色，出口处呈白色。条纹的出现与电极丝的运动有关，这是排屑和冷却条件不同造成的。电极丝从上向下运动时，工作液由电极丝从上部带入工件内，放电产物由电极丝从下部带出。这时，上部工作液充分，冷却条件好，下部工作液少，冷却条件差，但排屑条件比上部好。工作液在放电间隙里受高温热裂分解，形成高压气体，急剧向外扩散，对上部蚀除物的排除造成困难。这时，放电产生的炭黑等物质将凝聚附着在上部加工表面上，使之呈黑色；在下部，排屑条件好，工作液少，放电产物中炭黑较少，而且放电常常是在气体中发生的，因此加工表面呈白色。同理，当电极丝从下向上运动时，下部呈

黑色，上部呈白色。这样，经过电火花线切割加工的表面，就形成黑白交错相间的条纹。这是往复走丝工艺的特性之一。

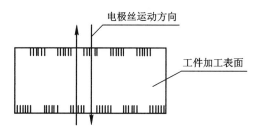

图 5-3　与电极丝运动方向有关的条纹

　　由于加工表面两端出现黑白交错相间的条纹，使工件加工表面两端的表面粗糙度比中部稍有下降。当电极丝较短、储丝筒换向周期较短或者切割较厚工件时，如果进给速度和脉冲间隔调整不当，尽管加工结果看上去似乎没有条纹，实际上条纹很密而互相重叠。

　　电极丝往复运动还会造成斜度。电极丝上下运动时，电极丝进口处与出口处的切缝宽窄不同(如图 5-4 所示)。宽口是电极丝的入口处，窄口是电极丝的出口处。故当电极丝往复运动时，在同一切割表面中电极丝进口与出口的高低不同。这对加工精度和表面粗糙度是有影响的。图 5-5 是切缝剖面示意图。由图可知，电极丝的切缝不是直壁缝，而是两端小、中间大的鼓形缝。这也是往复走丝工艺的特性之一。

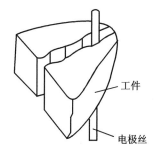

图 5-4　电极丝运动引起的斜度

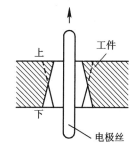

图 5-5　切缝剖面示意图

　　对慢走丝线切割加工，上述不利于加工表面粗糙度的因素可以克服。一般慢速走丝线切割加工无须换向，加之便于维持放电间隙中的工作液和蚀除产物的大致均匀，所以可以避免黑白相间的条纹。同时，由于慢走丝系统电极丝运动速度低、走丝运动稳定，因此不易产生较大的机械振动，从而避免了加工面的波纹。

5. 电极丝张力对工艺指标的影响

　　电极丝张力对工艺指标的影响如图 5-6 所示。由图可知，在起始阶段电极丝的张力越大，则切割速度越快，这是由于张力大时，电极丝的振幅变小，切缝宽度变窄，进给速度加快。若电极丝的张力过小，一方面电极丝抖动厉害，会频繁造成短路，以致加工不稳定，加工精度不高；另一方面，电极丝过松使电极丝在加工过程中受放电压力作用而产生的弯曲变形严重，结果电极丝切割轨迹落后并偏移工件轮廓，即出现加工滞后现象，从而造成形状和尺寸误差，如切割较厚的圆柱时会出现腰鼓形状，严重时电极丝在快速运转过程中会跳出导轮槽，从而造成断丝等故障；但如果过分将张力增大，切割速度不仅不继续上升，反而容易断丝。电极丝断丝的机械原因主要是由于电极丝本身受抗拉强度的限制。因此，在多次线切割加工中，往往初加工时电极丝的张力稍微调小，以保证不断丝，在精加工时稍微调大，以减小电极丝抖动的幅度来提高加工精度。

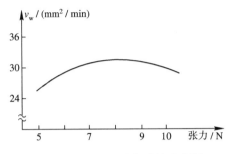

图 5-6　电极丝张力与进给速度图

在慢走丝加工中，设备操作说明书一般都有详细的张紧力设置说明，初学者可以按照说明书去设置，有经验者可以自行设定。如对多次切割，可以在第一次切割时稍微减小张紧力，以避免断丝。在快走丝加工中，部分机床有自动紧丝装置，操作者完全可以按相关说明书进行操作；另一部分机床需要手动紧丝，这种操作需要实践经验，一般在开始上丝时紧三次，在随后的加工中根据具体情况具体分析。

5.3.2　工作液对工艺指标的影响

在相同的工作条件下，采用不同的工作液可以得到不同的加工速度、表面粗糙度。电火花线切割加工的切割速度与工作液的介电系数、流动性、洗涤性等有关。快走丝线切割机床的工作液有煤油、去离子水、乳化液、洗涤剂液、酒精溶液等。但由于煤油、酒精溶液加工时加工速度低、易燃烧，现已很少采用。目前，快走丝线切割工作液广泛采用的是乳化液，其加工速度快。慢走丝线切割机床采用的工作液是去离子水和煤油。

工作液的注入方式和注入方向对线切割加工精度有较大影响。工作液的注入方式有浸泡式、喷入式和浸泡喷入复合式。在浸泡式注入方法中，线切割加工区域流动性差，加工不稳定，放电间隙大小不均匀，很难获得理想的加工精度；喷入式注入方式是目前国产快走丝线切割机床应用最广的一种，因为工作液以喷入这种方式强迫注入工作区域，其间隙的工作液流动更快，加工较稳定。但是，由于工作液喷入时难免带进一些空气，故不时发生气体介质放电，其蚀除特性与液体介质放电不同，从而影响了加工精度。浸泡式和喷入式比较，喷入式的优点明显，所以大多数快走丝线切割机床采用这种方式。在精密电火花线切割加工中，慢走丝线切割加工普遍采用浸泡喷入复合式的工作液注入方式，它既体现了喷入式的优点，同时又避免了喷入时带入空气的隐患。

工作液的喷入方向分单向和双向两种。无论采用哪种喷入方向，在电火花线切割加工中，因切缝狭小、放电区域介质液体的介电系数不均匀，所以放电间隙也不均匀，并且导致加工面不平、加工精度不高。

若采用单向喷入工作液，入口部分工作液纯净，出口处工作液杂质较多，这样会造成加工斜度，如图 5-7(a)所示；若采用双向喷入工作液，则上下入口较为纯净，中间部位杂质较多，介电系数低，这样造成鼓形切割面，如图 5-7(b)所示。工件越厚，这种现象越明显。

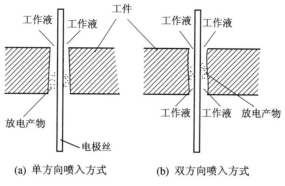

图 5-7　工作液喷入方式对线切割加工精度的影响

5.3.3　工件材料及厚度对工艺指标的影响

1．工件材料对工艺指标的影响

工艺条件大体相同的情况下，工件材料的化学、物理性能不同，加工效果也将会有较大差异。

在慢速走丝方式、煤油介质情况下，加工铜件过程稳定，加工速度较快。加工硬质合金等高熔点、高硬度、高脆性材料时，加工稳定性及加工速度都比加工铜件低。加工钢件，特别是不锈钢、磁钢和未淬火或淬火硬度低的钢等材料时，加工稳定性差，加工速度低，表面粗糙度也差。

在快速走丝方式、乳化液介质的情况下，加工铜件、铝件时，加工过程稳定，加工速度快。加工不锈钢、磁钢、未淬火或淬火硬度低的高碳钢时，加工稳定性差些，加工速度也低，表面粗糙度也差。加工硬质合金钢时，加工比较稳定，加工速度低，但表面粗糙度好。

材料不同，加工效果不同，这是因为工件材料不同，脉冲放电能量在两极上的分配、传导和转换都不同。从热学观点来看，材料的电火花加工性与其熔点、沸点有很大关系。表 5-2 为常用工件材料的有关元素或物质的熔点和沸点。由表可知，常用的电极丝材料钼的熔点为 2625℃，沸点为 4800℃，比铁、硅、锰、铬、铜、铝的熔点和沸点都高，而比碳化钨、碳化钛等硬质合金基体材料的熔点和沸点要低。在单个脉冲放电能量相同的情况下，用铜丝加工硬质合金比加工钢产生的放电痕迹小，加工速度低，表面粗糙度好，同时电极丝损耗大，间隙状态恶化时则易引起断丝。

表 5-2　常用工件材料的有关元素或物质的熔点和沸点

工件材料	碳(石墨) C	钨 W	碳化钛 TiC	碳化钨 WC	钼 Mo	铬 Cr	钛 Ti	铁 Fe	钴 Co	硅 Si	锰 Mn	铜 Cu	铝 Al
熔点/℃	3700	3410	3150	2720	2625	1890	1820	1540	1495	1430	1250	1083	660
沸点/℃	4830	5930	—	6000	4800	2500	3000	2740	2900	2300	2130	2600	2060

2．工件厚度对工艺指标的影响

工件厚度对工作液进入和流出加工区域以及电蚀产物的排除、通道的消电离等都有较大的影响。同时，电火花通道压力对电极丝抖动的抑制作用也与工件厚度有关。这样，工件厚度对电火花加工稳定性和加工速度必然产生相应的影响。工件材料薄，工作液容易进入和充满放电间隙，对排屑和消电离有利，加工稳定性好。但是工件若太薄，对固定丝架来说，电极丝从工件两端面到导轮的距离大，易发生抖动，对加工精度和表面粗糙度带来不良影响，且脉冲利用率低，切割速度下降；若工件材料太厚，工作液难进入和充满放电间隙，这样对排屑和消电离不利，加工稳定性差。

工件材料的厚度大小对加工速度有较大影响。在一定的工艺条件下，加工速度将随工件厚度的变化而变化，一般都有一个对应最大加工速度的工件厚度。图 5-8 为慢速走丝时工件厚度对加工速度的影响。图 5-9 为快速走丝时工件厚度对加工速度的影响。

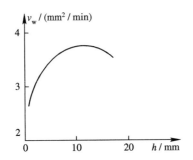 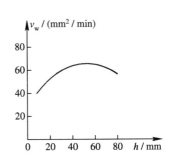

图 5-8　慢速走丝时工件厚度对加工速度的影响　　图 5-9　快速走丝时工件厚度对加工速度的影响

5.3.4　进给速度对工艺指标的影响

1. 进给速度对加工速度的影响

在线切割加工时，一方面工件不断被蚀除，即有一个蚀除速度；另一方面，为了电火花放电正常进行，电极丝必须向前进给，即有一个进给速度。在正常加工中，蚀除速度大致等于进给速度，从而使放电间隙维持在一个正常的范围内，使线切割加工能连续进行下去。

蚀除速度与机器的性能、工件的材料、电参数、非电参数等有关，但一旦对某一工件进行加工时，它就可以看成是一个常量。

2. 进给速度对工件表面质量的影响

进给速度调节不当，不但会造成频繁的短路、开路，而且还影响加工工件的表面粗糙度，致使出现不稳定条纹，或者出现表面烧蚀现象。分下列几种情况讨论：

(1) 进给速度过高。这时工件蚀除的线速度低于进给速度，会频繁出现短路，造成加工不稳定，平均加工速度降低，加工表面发焦，呈褐色，工件的上下端面均有过烧现象。

(2) 进给速度过低。这时工件蚀除的线速度大于进给速度，经常出现开路现象，导致加工不能连续进行，加工表面亦发焦，呈淡褐色，工件的上下端面也有过烧现象。

(3) 进给速度稍低。这时工件蚀除的线速度略高于进给速度，加工表面较粗、较白，两端面有黑白相间的条纹。

(4) 进给速度适宜。这时工件蚀除的线速度与进给速度相匹配，加工表面细而亮，丝纹均匀。因此，在这种情况下，能得到表面粗糙度好、精度高的加工效果。

5.3.5　火花通道压力对工艺指标的影响

在液体介质中进行脉冲放电时，产生的放电压力具有急剧爆发的性质，对放电点附近的液体、气体和蚀除物产生强大的冲击作用，使之向四周喷射，同时伴随发生光、声等效应。这种火花通道的压力对电极丝产生较大的后向推力，使电极丝发生弯曲。图 5-10 是放电压力使电极丝弯曲的示意图。因此，实际加工轨迹往往落后于工作台运动轨迹。例如，切割直角轨迹工件时，切割轨迹应在图中 a 点处转弯，但由于电极丝受到放电压力的作用，实际加工轨迹如图中实线所示，如图 5-11 所示。

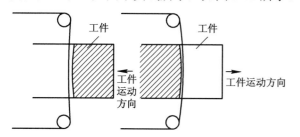

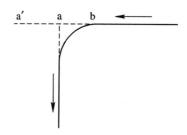

图 5-10　放电压力使电极丝弯曲示意图　　　　图 5-11　电极丝弯曲对加工精度的影响

为了减缓因电极丝受火花通道压力而造成的滞后变形给工件造成的误差，许多机床采用了许多特殊的补偿措施。如图 5-11 中为了避免塌角，附加了一段 a—a′ 段程序。当工作台的运动轨迹从 a 到 a′ 再返回到 a 点时，滞后的电极丝也刚好从 b 点运动到了 a 点。

5.4　合理选择电火花线切割加工工艺

本章详细叙述了电火花线切割加工工艺，探讨了各种电参数、非电参数对线切割加工的影响。希望在理解这些工艺规律的前提下能给实际操作机床带来帮助。

1. 抓住主要矛盾，兼顾方方面面

与电火花成形加工相似，在电火花线切割加工中，影响工艺指标的因素很多，且各种因素对工艺指标的影响是互相关联的，又是互相矛盾的。如为了提高加工速度，可以通过增大峰值电流来实现，但这又会导致工件的表面粗糙度变差等。所以在实际加工中还是要抓住主要矛盾，全面考虑。

加工速度与脉冲电源的波形和电参数有直接关系，它将随着单个脉冲放电能量的增加和脉冲频率的提高而提高。然而，有时由于加工条件和其他因素的制约，使单个脉冲放电能量不能太大。因此，提高加工速度，除了合理选择脉冲电源的波形和电参数外，还要注意其他因素的影响，例如工作液的种类、浓度、脏污程度和喷流情况的影响，电极丝的材料、直径、走丝速度和抖动情况的影响，工件材料和厚度的影响，加工进给速度、稳定性的影响等，以便在两极间维持最佳的放电条件，提高脉冲利用率，得到较快的加工速度。

表面粗糙度主要取决于单个脉冲放电能量的大小，但电极丝的走丝速度、抖动情况、进给速度的控制情况等对表面粗糙度的影响也很大。电极丝张紧力不足，将出现松丝、抖动或弯曲，影响加工表面粗糙度。电极丝的张紧力要选得恰当，使之在放电加工中受热和发生损耗后，电极丝不断丝。

2．尽量减少断丝次数

在线切割加工过程中，电极丝断丝是一个很常见的问题，其后果往往也很严重。断丝一方面严重影响加工速度，特别是快走丝机床在加工中间断丝，另一方面，断丝将严重影响加工工件的表面粗糙度。所以在操作过程中，要不断积累经验，学会处理断丝问题。可以这样说，在线切割加工中，能否正确处理断丝问题是操作熟不熟练的重要标志。

习　题

一、判断题

(　　)1. 线切割加工的加工速度通常用 mm^2/min 来表示。

(　　)2. 快走丝线切割加工中电极丝的运丝速度越快越好。

(　　)3. 快走丝线切割加工时，工件的加工表面往往出现黑白相间的条纹。

(　　)4. 慢走丝线切割加工精度高，因此加工中需要考虑电极丝的损耗量。

(　　)5. 为了提高线切割加工速度，加工中应尽可能选择较大的峰值电流能。

(　　)6. 慢走丝线切割机床的电极丝是一次性使用的，而快走丝线切割机床的电极丝是循环使用的。

(　　)7. 慢走丝线切割加工中广泛使用钼丝作为电极丝。

(　　)8. 线切割加工中，电极丝的直径选择应该适中，不宜过大或过小。

(　　)9. 电极丝的张力若过小，电极丝抖动厉害，会频繁造成短路，以致加工不稳定。

(　　)10. 线切割工件厚度越薄，工作液越容易进入放电间隙，加工越稳定。

二、单项选择题

1.在快走丝线切割加工中，电极丝的运丝速度通常为(　　)左右。

A. 1 m/s　　　　B. 3 m/s　　　　C. 8 m/s　　　　D. 12 m/s

2. 下列材料中，最适宜作快走丝线切割机床电极丝的是(　　)。

A. 紫铜　　　　B. 黄铜　　　　C. 石墨　　　　D. 钼

3. 下列液体中，不宜作线切割机床工作液的是(　　)。

A. 矿泉水　　　　B. 蒸馏水　　　　C. 煤油　　　　D. 去离子水

三、问答题

1. 试分析影响线切割加工速度的因素。

2. 试分析影响线切割工件表面粗糙度的因素。

第六章 电火花线切割编程、加工工艺及实例

前面讲过线切割加工的具体特点及线切割加工的工艺规律,在具体加工中一般按图 6-1 所示步骤进行。

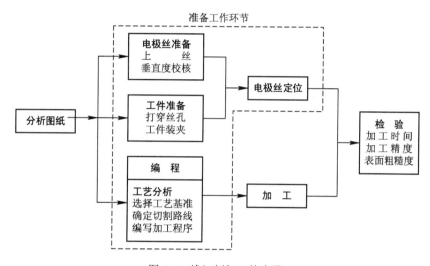

图 6-1 线切割加工的步骤

由图 6-1 可以看出,电火花线切割加工主要由三部分组成:电火花线切割加工的准备工作、电火花线切割加工、产品质量检验工作。电火花线切割加工的准备工作有电极丝的上丝、电极丝垂直度的校核、工件上打穿丝孔、工件装夹、电极丝定位、线切割编程等;线切割加工则涉及一些具体的加工工艺措施,如加工中电参数的调节、如何防止断丝等;产品质量的检验主要是指检验加工的精度和表面粗糙度。电火花线切割加工的准备工作、加工工艺措施的好坏直接影响到加工产品的质量。本章将主要讨论前两个问题。

6.1 电火花线切割编程

目前生产的线切割加工机床都有计算机自动编程功能,即可以将线切割加工的轨迹图形自动生成机床能够识别的程序。

线切割程序与其他数控机床的程序相比,有如下特点:

(1) 线切割程序普遍较短,很容易读懂。

(2) 国内线切割程序常用格式有 3B(个别扩充为 4B 或 5B)格式和 ISO 格式。其中慢走丝机床普遍采用 ISO 格式,快走丝机床大部分采用 3B 格式,其发展趋势是采用 ISO 格式(如北京阿奇公司生产的快走丝线切割机床)。

6.1.1 线切割3B代码程序格式

线切割加工轨迹图形是由直线和圆弧组成的,它们的 3B 程序指令格式如表 6-1 所示。

表 6-1 3B 程序指令格式 6-1

B	X	B	Y	B	J	G	Z
分隔符	X 坐标值	分隔符	Y 坐标值	分隔符	计数长度	计数方向	加工指令

注:B 为分隔符,它的作用是将 X、Y、J 数码区分开来;X、Y 为增量(相对)坐标值;J 为加工线段的计数长度;G 为加工线段计数方向;Z 为加工指令。

1. 直线的 3B 代码编程

1) x、y 值的确定

(1) 以直线的起点为原点,建立正常的直角坐标系,x、y 表示直线终点的坐标绝对值,单位为 μm。

(2) 在直线 3B 代码中,x、y 值主要是确定该直线的斜率,所以可将直线终点坐标的绝对值除以它们的最大公约数作为 x、y 的值,以简化数值。

(3) 若直线与 X 或 Y 轴重合,为区别一般直线,x、y 均可写作 0 也可以不写。

如图 6-2(a)所示的轨迹形状,请读者试着写出其 x、y 值,具体答案可参考表 6-2。(注:在本章图形所标注的尺寸中若无说明,单位都为 mm。)

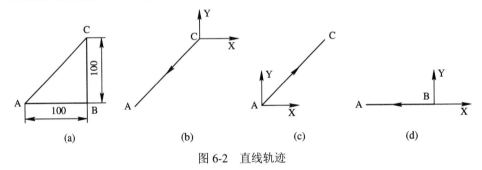

图 6-2 直线轨迹

2) G 的确定

G 用来确定加工时的计数方向,分 Gx 和 Gy。直线编程的计数方向的选取方法是:以要加工的直线的起点为原点,建立直角坐标系,取该直线终点坐标绝对值大的坐标轴为计数方向。具体确定方法为:若终点坐标为(x_e, y_e),令 x = $|x_e|$, y = $|y_e|$,若 y < x,则 G = Gx,如图 6-3(a)所示;若 y > x,则 G = Gy,如图 6-3(b)所示;若 y = x,则在一、三象限取 G = Gy,在二、四象限取 G = Gx。

由上可见,计数方向的确定以 45°线为界,取与终点处走向较平行的轴作为计数方向,具体可参见图 6-3(c)。

3) J 的确定

J 为计数长度,以 μm 为单位。以前编程应写满六位数,不足六位前面补零,现在的机床基本上可以不用补零。

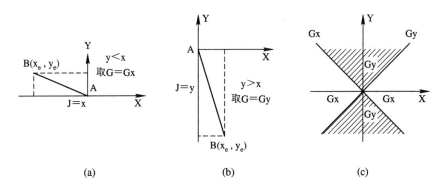

(a)   (b)   (c)

图 6-3　G 的确定

J 的取值方法为：由计数方向 G 确定投影方向，若 G=Gx，则将直线向 X 轴投影得到长度的绝对值即为 J 的值；若 G=Gy，则将直线向 Y 轴投影得到长度的绝对值即为 J 的值。

4) Z 的确定

加工指令 Z 按照直线走向和终点的坐标不同可分为 L1、L2、L3、L4，其中与+X 轴重合的直线算作 L1，与−X 轴重合的直线算作 L3，与+Y 轴重合的直线算作 L2，与−Y 轴重合的直线算作 L4，具体可参考图 6-4。

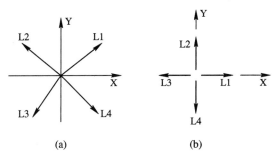

(a)   (b)

图 6-4　Z 的确定

综上所述，图 6-2(b)、(c)、(d)中线段的 3B 代码如表 6-2 所示。

表 6-2　3B 代 码

直线	B	X	B	Y	B	J	G	Z
CA	B	1	B	1	B	100000	Gy	L3
AC	B	1	B	1	B	100000	Gy	L1
BA	B	0	B	0	B	100000	Gx	L3

2. 圆弧的 3B 代码编程

1) x、y 值的确定

以圆弧的圆心为原点，建立正常的直角坐标系，x、y 表示圆弧起点坐标的绝对值，单位为 μm。如在图 6-5(a)中，x=30000，y=40000；在图 6-5(b)中，x=40000，y=30000。

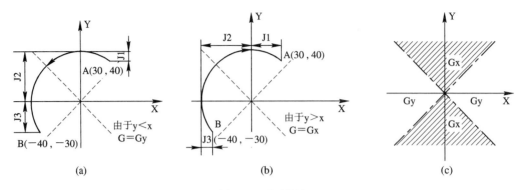

图 6-5 圆弧轨迹

2) G 的确定

G 用来确定加工时的计数方向，分 Gx 和 Gy。圆弧编程的计数方向的选取方法是：以某圆心为原点建立直角坐标系，取终点坐标绝对值小的轴为计数方向。具体确定方法为：若圆弧终点坐标为 (x_e, y_e)，令 $x=|x_e|$，$y=|y_e|$，若 $y<x$，则 $G=G$，如图 6-5(a)所示；若 $y>x$，则 $G=Gx$，如图 6-5(b)所示；若 $y=x$，则 Gx、Gy 均可。

由上可见，圆弧计数方向由圆弧终点的坐标绝对值大小决定，其确定方法与直线刚好相反，即取与圆弧终点处走向较平行的轴作为计数方向，具体可参见图 6-5(c)。

3) J 的确定

圆弧编程中 J 的取值方法为：由计数方向 G 确定投影方向，若 $G=Gx$，则将圆弧向 X 轴投影；若 $G=Gy$，则将圆弧向 Y 轴投影。J 值为各个象限圆弧投影长度绝对值的和。如在图 6-5(a)、(b)中，J1、J2、J3 大小分别如图中所示，$J=|J1|+|J2|+|J3|$。

4) Z 的确定

加工指令 Z 按照第一步进入的象限可分为 R1、R2、R3、R4；按切割的走向可分为顺圆 S 和逆圆 N，于是共有 8 种指令：SR1、SR2、SR3、SR4、NR1、NR2、NR3、NR4，具体可参考图 6-6。

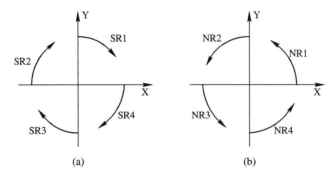

图 6-6 Z 的确定

例 6.1 请写出图 6-7 所示轨迹的 3B 程序。

解 对图 6-7(a)，起点为 A，终点为 B，因而

$$J=J1+J2+J3+J4=10000+50000+50000+20000=130000$$

故其 3B 程序为

B30000 B40000 B130000 GY NR1

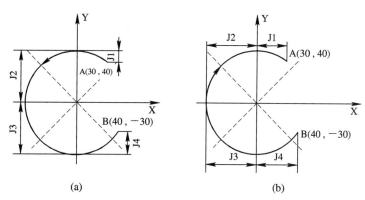

图 6-7 编程图形

对图 6-7(b)，起点为 B，终点为 A，有

J=J1+J2+J3+J4=40000+50000+50000+30000=170000

故其 3B 程序为

B40000　B30000　B170000　GX　SR4

例 6.2　用 3B 代码编制加工图 6-8(a)所示的线切割加工程序。已知线切割加工用的电极丝直径为 0.18 mm，单边放电间隙为 0.01 mm，图中 A 点为穿丝孔，加工方向沿 A—B—C—D—E—F—G—H—A 进行。

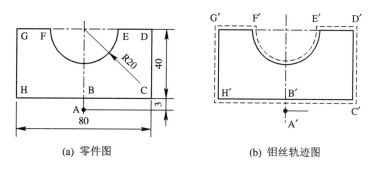

(a) 零件图　　　　　　　　　　(b) 钼丝轨迹图

图 6-8　线切割切割图形

解　(1) 分析。现用线切割加工凸模状的零件图，实际加工中由于钼丝半径和放电间隙的影响，钼丝中心运行的轨迹形状如图 6-8(b)中虚线所示，即加工轨迹与零件图相差一个补偿量，补偿量的大小为

$$\delta = 钼丝半径 + 单边放电间隔 = 0.09 + 0.01 = 0.1\,mm$$

在加工中需要注意的是 E′F′圆弧的编程，圆弧 EF[如图 6-8(a)所示]与圆弧 E′F′[如图 6-8(b)所示]有较多不同点，它们的特点比较如表 6-3 所示。

表 6-3　圆弧 EF 和 E′F′特点比较表

比较项目	起点	起点所在象限	圆弧首先进入象限	圆弧经历象限
圆弧 EF	E	X 轴上	第四象限	第四、三象限
圆弧 E′F′	E′	第一象限	第一象限	第一、二、三、四象限

(2) 计算并编制圆弧 $E'F'$ 的 3B 代码。在图 6-8(b)中，最难编制的是圆弧 $E'F'$，其具体计算过程如下：

以圆弧 $E'F'$ 的圆心为坐标原点，建立直角坐标系，则 E' 点的坐标为：$Y_{E'} = 0.1$ mm，$X_{E'} = \sqrt{(20-0.1)^2 - 0.1^2} = 19.900$ mm。根据对称原理可得 F' 的坐标为(-19.900，0.1)。

根据上述计算可知圆弧 $E'F'$ 的终点坐标的 Y 的绝对值小，所以计数方向为 Y。

圆弧 $E'F'$ 在第一、二、三、四象限分别向 Y 轴投影得到长度的绝对值分别为 0.1 mm、19.9 mm、19.9 mm、0.1 mm，故 $J=40000$。

圆弧 $E'F'$ 首先在第一象限顺时针切割，故加工指令为 SR1。

由上可知，圆弧 $E'F'$ 的 3B 代码为

| $E'F'$ | B | 19900 | B | 100 | B | 40000 | G | Y | SR | 1 |

(3) 经过上述分析计算，可得轨迹形状的 3B 程序，如表 6-4 所示。

表 6-4　切割轨迹 3B 程序

$A'B'$	B	0	B	0	B	2900	G	Y	L	2
$B'C'$	B	40100	B	0	B	40100	G	X	L	1
$C'D'$	B	0	B	40200	B	40200	G	Y	L	2
$D'E'$	B	0	B	0	B	20200	G	X	L	3
$E'F'$	B	19900	B	100	B	40000	G	Y	SR	1
$F'G'$	B	20200	B	0	B	20200	G	X	L	3
$G'H'$	B	0	B	40200	B	40200	G	Y	L	4
$H'B'$	B	40100	B	0	B	40100	G	X	L	1
$B'A'$	B	0	B	2900	B	2900	G	Y	L	4

例 6.3 用 3B 代码编制加工图 6-9 所示的凸模线切割加工程序，已知电极丝直径为 0.18 mm，单边放电间隙为 0.01 mm，图中 O 为穿丝孔拟采用的加工路线 O−E−D−C−B−A−E−O。

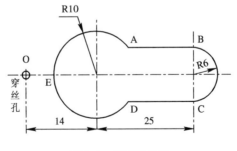

图 6-9　加工零件图

解　经过分析，得到具体程序，如表 6-5 所示。

表 6-5 切割轨迹 3B 程序

OE	B	3900	B	0	B	3900	G	X	L	1
ED	B	10100	B	0	B	14100	G	Y	NR	3
DC	B	16950	B	0	B	16950	G	X	L	1
CB	B	0	B	6100	B	12200	G	X	NR	4
BA	B	16950	B	0	B	16950	G	X	L	3
AE	B	8050	B	6100	B	14100	G	Y	NR	1
EO	B	3900	B	0	B	3900	G	X	L	3

6.1.2 线切割 ISO 代码程序编制

1. ISO 代码简介

同前面介绍过的电火花加工用的 ISO 代码一样，线切割代码主要有 G 指令(即准备功能指令)、M 指令和 T 指令(即辅助功能指令)，具体见表 6-6。

6-2

表 6-6 常用的线切割加工指令

代 码	功　　能	代 码	功　　能
G00	快速移动，定位指令	G84	自动取电极垂直
G01	直线插补	G90	绝对坐标指令
G02	顺时针圆弧插补指令	G91	增量坐标指令
G03	逆时针圆弧插补指令	G92	制定坐标原点
G04	暂停指令	M00	暂停指令
G17	XOY 平面选择	M02	程序结束指令
G18	XOZ 平面选择	M05	忽略接触感知
G19	YOZ 平面选择	M98	子程序调用
G20	英制	M99	子程序结束
G21	公制	T82	加工液保持 OFF
G40	取消电极丝补偿	T83	加工液保持 ON
G41	电极丝半径左补	T84	打开喷液指令
G42	电极丝半径右补	T85	关闭喷液指令
G50	取消锥度补偿	T86	送电极丝(阿奇公司)
G51	锥度左倾斜(沿电极丝行进方向，向左倾斜)	T87	停止送丝(阿奇公司)
G52	锥度右倾斜(沿电极丝行进方向，向右倾斜)	T80	送电极丝(沙迪克公司)
G54	选择工作坐标系 1	T81	停止送丝(沙迪克公司)
G55	选择工作坐标系 2	T90	AWTI，剪断电极丝
G56	选择工作坐标系 3	T91	AWTII，使剪断后的电极丝用管子通过下部的导轮送到接线处
G80	移动轴直到接触感知		
G81	移动到机床的极限	T96	送液 ON，向加工槽中加液体
G82	回到当前位置与零点的一半处	T97	送液 OFF，停止向加工槽中加液体

对于以上代码，部分与数控铣床、车床的代码相同，下面通过实例来学习线切割加工中常用的 ISO 代码。

例 6.4 如图 6-10(a)所示，ABCD 为矩形工件，矩形件中有一直径为 $\phi30$ mm 的圆孔，现由于某种需要欲将该孔扩大到 $\phi35$ mm。已知 AB、BC 边为设计、加工基准，电极丝直径为 0.18 mm，请写出相应操作过程及加工程序。

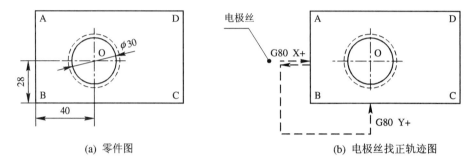

(a) 零件图   (b) 电极丝找正轨迹图

图 6-10 零件加工示意图

解 上面任务主要分两部分完成，首先将电极丝定位于圆孔的中心，然后写出加工程序。

电极丝定位于圆孔的中心有以下两种方法：

方法一：首先电极丝碰 AB 边，X 值清零，再碰 BC 边，Y 值清零，然后解开电极丝到坐标值(40.09，28.09)。具体过程如下：

(1) 清理孔内部毛刺，将待加工零件装夹在线切割机床工作台上，利用千分表找正，尽可能使零件的设计基准 AB、BC 基面分别与机床工作台的 X、Y 轴保持平行。

(2) 用手控盒或操作面板等方法将电极丝移到 AB 边的左边，大致保证电极丝与圆孔中心的 Y 坐标相近(尽量消除工件 ABCD 装夹不佳带来的影响，理想情况下工件的 AB 边应与工作台的 Y 轴完全平行，而实际很难做到)。

(3) 用 MDI 方式执行指令：

    G80 X+；

    G92 X0；

(4) 用手控盒或操作面板等方法将电极丝移到 BC 边的下边，大致保证电极丝与圆孔中心的 X 坐标相近。

(5) 用 MDI 方式执行指令：

    G80 Y+；

    G92 Y0；

    T90；   /仅适用慢走丝，目的是自动剪丝；对快走丝机床，则需手动解开电极丝

    G00 X40.09 Y28.09；

(6) 为保证定位准确，往往需要确认。具体方法是：在找到的圆孔中心位置用 MDI 或别的方法执行指令 G55 G92 X0 Y0；然后再在 G54 坐标系(G54 坐标系为机床默认的工作坐标系)中按前面(1)~(4)所示的步骤重新找圆孔中心位置，并观察该位置在 G55 坐标系下的坐标值。若 G55 坐标系的坐标值与(0，0)相近或刚好是(0，0)，则说明找正较准确，否则需要

重新找正，直到最后两次中心孔在 G55 坐标系中的坐标相近或相同时为止。

方法二：将电极丝在孔内穿好，然后按操作面板上的"找中心按菜单"按钮即可自动找到圆孔的中心。具体过程为：

(1) 清理孔内部毛刺，将待加工零件装夹在线切割机床工作台上。

(2) 将电极丝穿入圆孔中。

(3) 按下"找中心按菜单"按钮找中心，记下该位置坐标值。

(4) 再次按下"找中心按菜单"按钮找中心，对比当前的坐标和上一步骤得到的坐标值；若数字重合或相差很小，则认为找中心成功。

(5) 若机床在找到中心后自动将坐标值清零，则需要同第一种方法一样进行如下操作：在第一次自动找到圆孔中心时用 MDI 或别的方法执行指令 G55 G92 X0 Y0；然后再按用自动找中心按钮重新找中心，再观察重新找到的圆孔中心位置在 G55 坐标系下的坐标值。若 G55 坐标系的坐标值与(0，0)相近或刚好是(0，0)，则说明找正较准确，否则需要重新找正，直到最后两次找正的位置在 G55 坐标系中的坐标值相近或相同时为止。

两种方法的比较：利用"找中心按菜单"按钮操作简便，速度快，适用于圆度较好的孔或对称形状的孔状零件，但若由于磨损等原因(如图 6-11 中阴影所示)造成孔不圆，则不宜采用。而利用设计基准找中心不但可以精确找到对称形状的圆孔、方孔等的中心，还可以精确定位于各种复杂孔形零件内的任意位置。所以，虽然该方法较复杂，但在实际加工中仍得到了广泛的应用。

图 6-11 孔磨损

综上所述，线切割定位有两种方法，这两种方法各有优劣，但其中关键一点是要采用有效的手段进行确认。一般来说，线切割的找正要重复几次，至少保证最后两次找正位置的坐标值相同或相近。通过灵活采用上述方法，能够实现电极丝定位精度在 0.005 mm 以内，从而有效地保证线切割加工的定位精度。

例 6.5 请结合图 6-12 所示的锥度加工平面图和立体效果图理解锥度加工的 ISO 程序，并总结与锥度加工代码 G50、G51、G52 的用法。

```
G92 X-5000 Y0；
G52 A2.5 G90 G01 X0；
G01 Y4700；
G02 X300 Y5000 I300；
G01 X9700；
G02 X10000 Y4700 J-300；
G01 Y-4700；
G02 X9700 Y5000 I-300；
G01 X300；
G02 X0 Y-4700 J300；
G01 Y0；
G50 G01 X-5000；
M02；
```

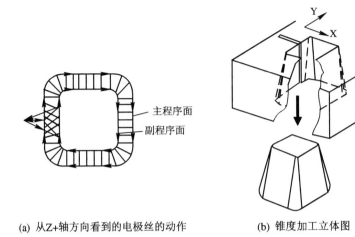

(a) 从Z+轴方向看到的电极丝的动作   (b) 锥度加工立体图

图 6-12　锥度加工实例

　　解　上述锥度加工的实例，在锥度加工中要点如下：

　　(1) G50、G51、G52 分别为取消锥度倾斜、电极丝左倾斜(面向平行方向)、电极丝右倾斜。

　　(2) A 为电极丝倾斜的角度，单位为 °(度)。

　　(3) 取消锥度倾斜(G50)、电极丝左倾斜(G51)、电极丝右倾斜(G52)只能在直线上进行，不能在圆弧上进行。

　　(4) 为了实现锥度加工，必须在加工前设置相关参数，不同的机床需要设置的参数不同，如对沙迪克某机床需要设置以下四个参数(如图 6-13 所示)：

　　工作台—上模具距离(即从工作台到上模具为止的距离)；

　　工作台—主程序面距离(即从工作台到主程序面为止的距离，主程序面上的加工物的尺寸与程序中编制的尺寸一致，为优先保证尺寸)；

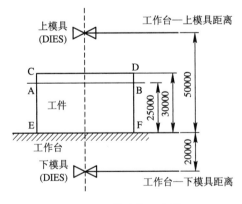

图 6-13　锥度加工参数

　　工作台—副程序面距离(即从工作台上面到另一个有尺寸要求的面的距离，副程序面是另一个希望有尺寸要求的面，此面的尺寸要求低于主程序面)；

　　工作台—下模具间距离(即从下模具到工作台上面的距离)。

在图 6-13 中，若以 A—B 为主程序面，C—D 为副程序面，则相关参数值为

    工作台—上模具距离＝50.000 mm

    工作台—主程序面距离＝25.000 mm

    工作台—副程序面距离＝30.000 mm

    工作台—下模具间距离＝20.000 mm

在图 6-13 中，若以 A—B 为主程序面，E—F 为副程序面，则相关参数值为

    工作台—上模具距离＝50.000 mm

    工作台—主程序面距离＝25.000 mm

    工作台—副程序面距离＝0.000 mm

    工作台—下模具间距离＝20.000 mm

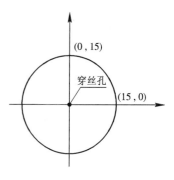

图 6-14　加工轨迹示意图

2. ISO 代码编程

不同公司的 ISO 程序大致相同，但具体格式会有所区别，下面以北京阿奇公司 FW 系列快走丝机床的程序(为便于阅读，删除部分代码)为例说明 ISO 代码编程，其加工轨迹如图 6-14 所示。

```
H000=+00000000            H001=+00000100;
H005=+00000000;T84 T86 G54 G90 G92X+0Y+0;        /T84 为打开喷液指令，T86 为送电极丝
C007;
G01X+14000Y+0;G04X0.0+H005;
G41H001;
C001;
G01X+15000Y+0;G04X0.0+H005;
G03X-15000Y+0I-15000J+0;G04X0.0+H005;
X+15000Y+0I+15000J+0;G04X0.0+H005;
G40H000G01X+14000Y+0;
M00;
C007;
G01X+0Y+0;G04X0.0+H005;
T85 T87 M02;                                      /T85 为关闭喷液指令，T87 为停止送电极丝
(:: The Cutting length=   109.247778 MM );
```

通过理解该程序，可总结出如下特点：

(1) 在本 ISO 代码编程中，通过 C001 等代码来调用加工参数，C001 设定了加工中的各种参数(如 ON、OFF、IP 等)。加工参数的设置调用方法因机床的不同而不同，具体细节可参考每种机床相应的操作说明书。

采用 ISO 代码编程的线切割机床的数控系统有庞大的数据库，在其数据库中存放了大量常用的加工参数。

(2) G40、G41、G42 分别为取消刀补、左刀补(即向着电极丝行进方向，电极丝左侧偏

移)、右刀补(即向着电极丝行进方向,电极丝右侧偏移)。

电极丝加补偿及取消补偿都只能在直线上进行,在圆弧上加补偿或取消刀补都会出错,如:

G40 G02 X20. Y0 I10. J0; (错误程序)

很多线切割的 ISO 程序可以直接改变电极丝补偿值大小(如图 6-15 所示)、补偿方向(如图 6-16 所示),而不需通过 G40 转换。

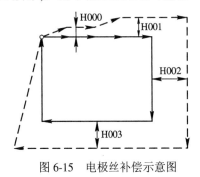

图 6-15 电极丝补偿示意图　　　　　图 6-16 电极丝补偿示意图

例 6.6　下面的程序是电极丝补偿值变更实例,其轨迹示意图如图 6-15 所示。

G54 G92 X0 Y0;

G41 H000;

G01 X10.;

　　　X20.;

H001 G01 X30.;

　　　　　X40.;

H002 G01 Y-30.;

H003 G01 X.;

G40 G01 Y0.;

M02;

例 6.7　下面的程序是电极丝补偿方向变更实例,其轨迹示意图如图 6-16 所示。

G90 G92 X0 Y0;

G41 H000;

G01 X10;

G01 X20;

G42 H000;

G01 X40;

例 6.8　请认真阅读下面的 ISO 程序,并回答问题。

H000=+00000000　　　　　H001=+00000100;

H005=+00000000;T84 T86 G54 G90 G92X+0Y+0;

C007;

G01X+4000Y+0;G04X0.0+H005;

G41H000;

C001;

G41H000;

G01X+5000Y+0;G04X0.0+H005;

G41H001;

G03X-5000Y+0I-5000J+0;G04X0.0+H005;

X+5000Y+0I+5000J+0;G04X0.0+H005;

G40H000G01X+4000Y+0;

M00;   /①

C007;

G01X+0Y+0;G04X0.0+H005;

T85 T87;

M00;   /②

M05G00X+20000;

M05G00Y+0;

M00;   /③

H000=+00000000   H001=+00000100;

H005=+00000000;T84 T86 G54 G90 G92X+20000Y+0;

C007;

G01X+16000Y+0;G04X0.0+H005;

G41H000;

C001;

G41H000;

G01X+15000Y+0;G04X0.0+H005;

G41H001;

G02X-15000Y+0I-15000J+0;G04X0.0+H005;

X+15000Y+0I+15000J+0;G04X0.0+H005;

G40H000G01X+16000Y+0;

M00;

C007;

G01X+20000Y+0;G04X0.0+H005;

T85 T87 M02;

(:: The Cutting length=   135.663704 MM);

(1) 请画出加工出的零件图，并标明相应尺寸。

(2) 请在零件图上画出穿丝孔的位置，并注明加工中的补偿量。

(3) 上面程序中①、②、③的含义是什么？

解 (1) 零件图形如图 6-17 所示，这是用线切割跳步加工同心圆的实例。

(2) 由 H001=+00000100 可知，补偿量为 0.1 mm。

(3) ① 的含义为：暂停，直径为 10 mm 的孔里的废料可能掉下，提示拿走。

② 的含义为：暂停，直径为 10 mm 的孔已经加工完，提示解开电极丝，准备将机床移

到另一个穿丝孔。

③ 的含义为：暂停，准备在当前的穿丝孔位置穿丝。

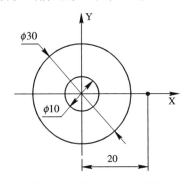

图 6-17　跳步加工零件图

6.2　线切割加工准备工作

6.2.1　电极丝穿丝

慢走丝线切割机床的穿丝较简单，本书以快走丝线切割机床为例讨论电极丝的上丝、穿丝及调节行程的方法。

1. 上丝操作

上丝的过程是将电极丝从丝盘绕到快走丝线切割机床储丝筒上的过程。不同的机床操作可能略有不同，下面以北京阿奇公司的 FW 系列为例说明上丝要点(如图 6-18、图 6-19、图 6-20 所示)。

(1) 上丝以前，要先移开左、右行程开关，再启动丝筒，将其移到行程左端或右端极限位置(目的是将电极丝上满，如果不需要上满，则需与极限位置有一段距离)。

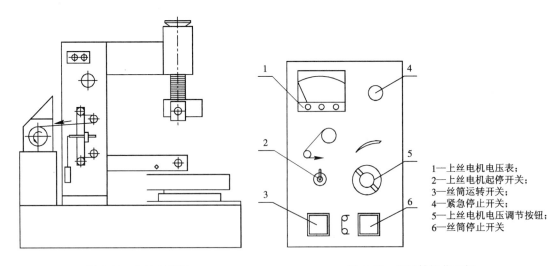

1—上丝电机电压表；
2—上丝电机起停开关；
3—丝筒运转开关；
4—紧急停止开关；
5—上丝电机电压调节按钮；
6—丝筒停止开关

图 6-18　上丝示意图　　　　　　　　图 6-19　储丝筒操作面板

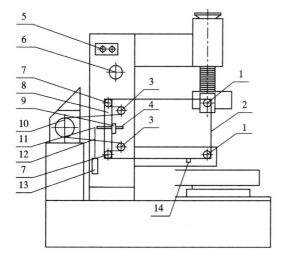

1—主导轮；2—电极丝；3—辅助导轮；
4—直线导轨；5—工作液旋钮；6—上丝盘；
7—张紧轮；8—移动板；9—导轨滑块；
10—储丝筒；11—定滑轮；12—绳索；
13—重锤；14—导电块

图 6-20　穿丝示意图

(2) 上丝过程中要打开上丝电机起停开关，并旋转上丝电机电压调节按钮以调节上丝电机的反向力矩(目的是保证上丝过程中电极丝有均匀的张力，避免电极丝打折)。

(3) 按照机床的操作说明书中上丝示意图的提示将电极丝从丝盘上到储丝筒上。

2. 穿丝操作

(1) 拉动电极丝头，按照操作说明书说明依次绕接各导轮、导电块至储丝筒(如图 6-20 所示)。在操作中要注意手的力度，防止电极丝打折。

(2) 穿丝开始时，首先要保证储丝筒上的电极丝与辅助导轮、张紧导轮、主导轮在同一个平面上，否则在运丝过程中，储丝筒上的电极丝会重叠，从而导致断丝。

電極丝的穿丝

(3) 穿丝中要注意控制左右行程挡杆，使储丝筒左右往返换向时，储丝筒左右二端留有 3～5 mm 的余量。

6.2.2　电极丝垂直找正

在进行精密零件加工或切割锥度等情况下需要重新校正电极丝对工作台平面的垂直度。电极丝垂直度找正的常见方法有两种，一种是利用找正块，一种是利用校正器。

电极丝垂直度校正

1. 利用找正块进行火花法找正

找正块是一个六方体或类似六方体，如图 6-21(a)所示。在校正电极丝垂直度时，首先目测电极丝的垂直度，若明显不垂直，则调节 U、V 轴，使电极丝大致垂直工作台；然后将找正块放在工作台上，在弱加工条件下，将电极丝沿 X 方向缓缓移向找正块。当电极丝快碰到找正块时，电极丝与找正块之间产生火花放电，然后肉眼观察产生的火花：若火花上下均匀，如图 6-21(b)所示，则表明在该方向上电极丝垂直度良好；若下面火花多，如图 6-21(c)所示，则说明电极丝右倾，故将 U 轴的值调小，直至火花上下均匀；若上面火花多，如图 6-21(d)所示，则说明电极丝左倾，故将 U 轴的值调大，直至火花上下均匀。同理，调节 V 轴的值，使电极丝在 V 轴垂直度良好。

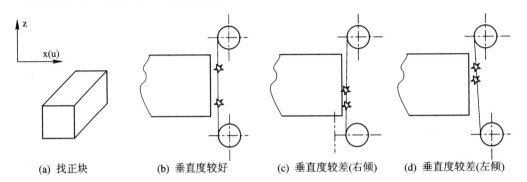

(a) 找正块　　　(b) 垂直度较好　　　(c) 垂直度较差(右倾)　　　(d) 垂直度较差(左倾)

图 6-21　用火花法校正电极丝垂直度

在用火花法校正电极丝的垂直度时，需要注意以下几点：

(1) 找正块使用一次后，其表面会留下细小的放电痕迹。下次找正时，要重新换位置，不可用有放电痕迹的位置碰火花校正电极丝的垂直度。

(2) 在精密零件加工前，分别校正 U、V 轴的垂直度后，需要再检验电极丝垂直度校正的效果。具体方法是：重新分别从 U、V 轴方向碰火花，看火花是否均匀，若 U、V 方向上火花均匀，则说明电极丝垂直度较好；若 U、V 方向上火花不均匀，则重新校正，再检验。

(3) 在校正电极丝垂直度之前，电极丝应张紧，张力与加工中使用的张力相同。

(4) 在用火花法校正电极丝垂直度时，电极丝要运转，以免电极丝断丝。

2. 用校正器进行校正

校正器是一个触点与指示灯构成的光电校正装置，电极丝与触点接触时指示灯亮。它的灵敏度较高，使用方便且直观。底座用耐磨不变形的大理石或花岗岩制成(如图 6-22、图 6-23 所示)。

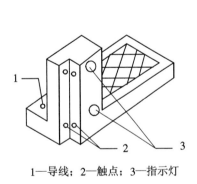

1—导线；2—触点；3—指示灯

图 6-22　垂直度校正器

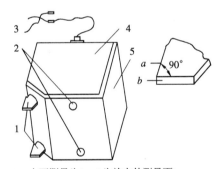

1—上下测量头(a、b 为放大的测量面)；
2—上下指示灯；3—导线及夹子；
4—盖板；5—支座

图 6-23　DF55-J50A 型垂直度校正器

使用校正器校正电极丝垂直度的方法与火花法大致相似。主要区别是：火花法是观察火花上下是否均匀，而用校正器则是观察指示灯。若在校正过程中，指示灯同时亮，则说明电极丝垂直度良好，否则需要校正。

在使用校正器校正电极丝的垂直度时，要注意以下几点：

(1) 电极丝停止走丝，不能放电。

(2) 电极丝应张紧，电极丝的表面应干净。

(3) 若加工零件精度高，则电极丝垂直度在校正后需要检查，其方法与火花法类似。

线切割工件的
装夹与校正

6.2.3 工件的装夹

线切割加工属于较精密加工，工件的装夹对加工零件的定位精度有直接影响，特别在模具制造等加工中，需要认真、仔细地装夹工件。

线切割加工的工件在装夹过程中需要注意如下几点：

(1) 确认工件的设计基准或加工基准面，尽可能使设计或加工的基准面与 X、Y 轴平行。

(2) 工件的基准面应清洁、无毛刺。经过热处理的工件，在穿丝孔内及扩孔的台阶处，要清理热处理残物及氧化皮。

(3) 工件装夹的位置应有利于工件找正，并应与机床行程相适应。

(4) 工件的装夹应确保加工中电极丝不会过分靠近或误切割机床工作台。

(5) 工件的夹紧力大小要适中、均匀，不得使工件变形或翘起。

线切割的装夹方法较简单，常见的装夹方式如图 6-24 所示。目前，很多线切割机床制造商都配有自己的专用加工夹具，图 6-25 所示为北京阿奇公司生产的专用夹具及装夹示意图，图 6-26 所示为 3R 专用夹具。

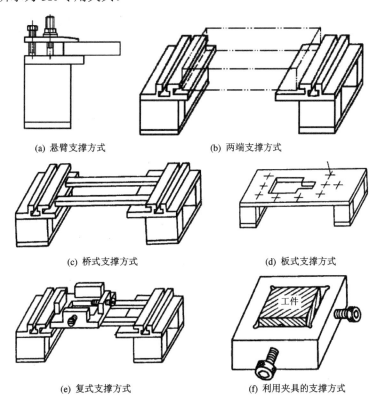

(a) 悬臂支撑方式　　　　　　　(b) 两端支撑方式

(c) 桥式支撑方式　　　　　　　(d) 板式支撑方式

(e) 复式支撑方式　　　　　　　(f) 利用夹具的支撑方式

图 6-24　常见的装夹方式

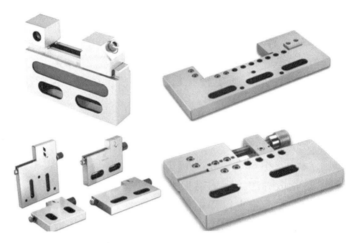

图 6-25　线切割专用夹具

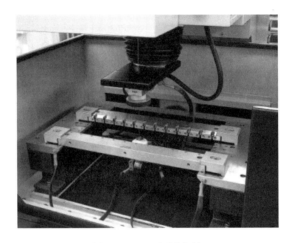

图 6-26　3R 专用夹具

6.2.4　工件的找正

工件的找正精度关系到线切割加工零件的位置精度。在实际生产中，根据加工零件的重要性，往往采用按划线找正、按基准孔或已成型孔找正、按外形找正等方法。其中按划线找正用于零件要求不严的情况下。具体找正方法请参考例 6.4。

6.3　线切割加工工艺

6.3.1　线切割穿丝孔

1. 穿丝孔的作用

在线切割加工中，穿丝孔的主要作用有：

(1) 对于切割凹模或带孔的工件，必须先有一个孔用来将电极丝穿进去，然后才能进行

6-3

加工。

(2) 减小凹模或工件在线切割加工中的变形。由于在线切割中工件坯料的内应力会失去平衡而产生变形，影响加工精度，严重时切缝甚至会夹住、拉断电极丝。综合考虑内应力导致的变形等因素，可以看出，图 6-27 中的图(c)最好。在图(d)中，零件与坯料工件的主要连接部位被过早地割离，余下的材料被夹持部分少，工件刚性大大降低，容易产生变形，从而影响加工精度。

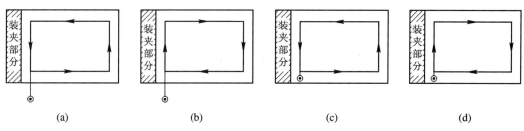

图 6-27　切割凸模时穿丝孔位置及切割方向比较图

2. 穿丝孔的注意事项

(1) 穿丝孔的加工。

穿丝孔的加工方法取决于现场的设备。在生产中穿丝孔常常用钻头直接钻出来，对于材料硬度较高或工件较厚的工件，则需要采用高速电火花加工等方法来打孔。

(2) 穿丝孔位置和直径的选择。

穿丝孔的位置与加工零件轮廓的最小距离和工件的厚度有关，工件越厚，则最小距离越大，一般不小于 3 mm。在实际中穿丝孔有可能打歪，如图 6-28(a)所示，若穿丝孔与欲加工零件图形的最小距离过小，则可能导致工件报废；若穿丝孔与欲加工零件图形的位置过大，如图 6-28(b)所示，则会增加切割行程。图 6-28 中，虚线为加工轨迹，圆形小孔为穿丝孔。

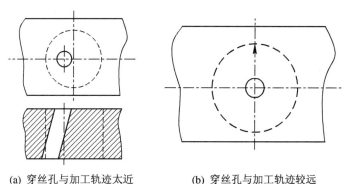

(a) 穿丝孔与加工轨迹太近　　　(b) 穿丝孔与加工轨迹较远

图 6-28　穿丝孔的大小与位置

穿丝孔的直径不宜过小或过大，否则加工较困难。若由于零件轨迹等方面的原因导致穿丝孔的直径必须很小，则在打穿丝孔时要小心，尽量避免打歪或尽可能减少穿丝孔的深度。如图 6-29 所示，图(a)直接用打孔机打孔，操作较困难；图(b)是在不影响使用的情况下，考虑将底部先铣削出一个较大的底孔来减小穿丝孔的深度，从而降低打孔的难度。这种方法在加工塑料模的顶杆孔等零件时常常应用。

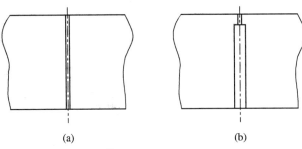

(a)   (b)

图 6-29　穿丝孔高度

穿丝孔加工完成后，一定要注意清理里面的毛刺，以避免加工中产生短路而导致加工不能正常进行。

6.3.2　多次切割加工

线切割多次切割加工首先采用较大的电流和补偿量进行粗加工，然后逐步用小电流和小补偿量一步一步精修，从而得到较好的加工精度和光滑的加工表面。目前，慢走丝线切割加工普遍采用了多次切割加工工艺。

6-4

下面以 Sodick MARK21 型机床的慢走丝程序来说明多次切割的特点。

(		ON	OFF	IP	HRP	MAO	SV	V	SF	C	WT	WS	WC):
C001	=	003	015	2015	112	480	090	8	0020	0	009	000	000
C002	=	002	014	2015	000	490	073	5	4025	0	000	000	000
C003	=	001	010	1015	000	490	072	3	4030	0	000	000	000
C004	=	000	006	0030	000	110	072	1	4030	0	000	000	000
C005	=	000	005	0007	000	110	071	1	4035	0	000	000	000
C901	=	000	005	0015	000	000	000	8	2060	0	000	000	000
C911	=	000	005	0015	000	000	000	7	2050	0	000	000	000
C921	=	000	005	0015	000	000	000	6	0050	0	000	000	000

```
;
H000  =  +000000000    H001  =  +000001960    H002  =  +000001530;
H003  =  +000001430    H004  =  +000001370    H005  =  +000001340;
H006  =  +000001330    H007  =  +000001305    H008  =  +000001285;
    N000(MAIN PROGRAM);
    G90;
    G54;
    G92X0Y0Z0;
    G29   /设置当前点为主参考点
    T84;  /高压喷流
    C001WS00WT00;
    G01Y4500;
    C001WS00WT00;
    G42H001;
```

```
M98P0010;
T85;  /关闭高压喷流
C002WSWT00;
G41H002;
M98P0030;
C003WS00WT00;
G42H003;
M98P0020;
C004WS00WT00;
G41H004;
M98P0030;
C005WS00WT00;
G42H005;
M98P0020;
C901WS00WT00;
G41H006;
M98P0030;
C911WS00WT00;
G42H007;
M98P0020;
C921WS00WT00;
G41H008;
M98P0030;
M02;
;
N0010(SUB PRO 1/G42)
G01Y5000;
G02X0Y5000J-5000;
M00;      /圆孔中的废料完全脱离工件本体,提示操作者查看废料是否掉在喷嘴上或是否
M00;      与钼丝接触,以便及时处理,避免断丝;若处于无人加工状态,则应删掉
G40G01Y4500;
M99;

N0020 (SUB PRO 2/G42)
G01Y5000;
G02Y5000J-5000;
G40G01Y4500;
M99;
```

N0030(SUB PRO 2/G41)

G01 Y5000;

G03X0Y5000J-5000;

G40G01Y4500;

M99;

上面的 ISO 程序切割的零件形状是一直径为 10 mm 的圆孔(如图 6-30、图 6-31 所示)，其特点为：

(1) 首先采用较强的加工条件 C001(电流较大、脉宽较长)来进行第一次切割，补偿量大，然后一次采用较弱的加工条件逐步进行精加工，电极丝的补偿量依次逐渐减小。

(2) 相邻两次的切割方向相反，所以电极丝的补偿方向相反。如第一次切割时电极丝的补偿方向为右补偿 G42，第二次切割时电极丝的补偿方向为左补偿 G41。

(3) 在多次切割时，为了改变加工条件和补偿值，需要离开轨迹一段距离，这段距离称为脱离长度。如图 6-29、图 6-30 所示，穿丝孔为 O 点，轨迹上的 B 点为起割点，AB 的距离为脱离长度。脱离长度一般较短，目的是减少空行程。

(4) 本程序采用了八次切割。具体切割的次数根据机床、加工要求等来确定。

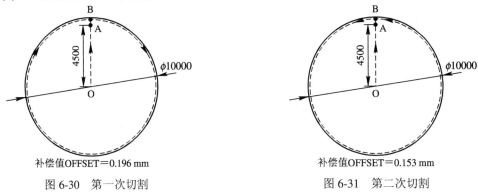

图 6-30 第一次切割　　　　　　　图 6-31 第二次切割

上面切割的是凹模(或孔状零件)，若用同样的方法来切割凸模(或柱状零件)(如图 6-32(a)所示)，则在第一次切割完成时，凸模(或柱状零件)就与工件毛坯本体分离，第二次切割将切割不到凸模(或柱状零件)。所以在切割凸模(或柱状零件)时，大多采用图 6-32(b)所示的方法。

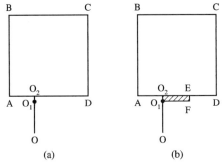

图 6-32 凸模多次切割

如图 6-32(b)所示，第一次切割的路径为 O—O_1—O_2—A—B—C—D—E—F，第二次切

割的路径为 F—E—D—C—B—A—O₂—O₁，第三次切割的路径为 O₁—O₂—A—B—C—D—E—F。这样，当 O₂—A—B—C—D—E 部分加工好，O₂E 段作为支撑段尚未与工件毛坯分离。O₂E 段的长度一般为 AD 段的 1/3 左右，太短了则支撑力可能不够。在实际中可采用的处理最后支撑段的工艺方法很多，下面介绍常见的几种。

(1) 首先沿 O₁F 切断支撑段，在凸模(或柱状零件)上留下一凸台，然后再在磨床上磨去该凸台。这种方法应用较多，但对于圆柱等曲边形零件则不适用。

(2) 在以前的切缝中塞入铜丝、铜片等导电材料，再对 O₂E 边多次切割。

(3) 用一狭长铁条架在切缝上面，并将铁条用金属胶接在工件和坯料上，再对 O₂E 边多次切割。

上述介绍了慢走丝多次线切割加工的技术。目前国内快走丝机床上的多次加工技术发展很快，它在高速往复走丝(快走丝)线切割机床上实现了多次切割功能，因此加工出的产品质量介于传统的高速(快)丝线切割机床和慢走丝线切割机床之间。在快走丝基础上实现多次加工的线切割机床习惯上称为中走丝线切割机床(Medium-speed Wire cut Electrical Discharge Machining，简写为 MS-WEDM)，其本质上仍然属于高速走丝(或快走丝)线切割机床。

与传统的快走丝和慢走丝线切割机床相比，中走丝线切割机床具有两者的优点。中走丝线切割机床能实现多次切割加工，因此产品的尺寸精度大幅提高，表面粗糙度得到极大改善。同时中走丝线切割机床的结构仍然和传统的高速走丝(快走丝)线切割机床类似，电极丝在工作中往复运动，机床的价格和使用成本与高速走丝(快走丝)线切割机床几乎相等，远远低于慢走丝线切割机床，因此日益受到大家的重视。

6.3.3　线切割加工实例

例 6.9 现有高速钢车刀条(如图 6-33 所示)，现欲用线切割加工成图 6-34 所示的切断车刀，请说明加工过程。

6-5

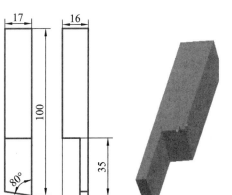

图 6-33　高速钢车刀条　　　　　　　　　　图 6-34　切断车刀

➢ **加工准备**

(1) 工艺分析。

① 加工轮廓位置确定：根据图 6-33 和图 6-34，分析确定线切割加工轮廓 OABCDEAO

在毛坯上的位置如图 6-35 所示。其中，画图时各点参考坐标为 C(0，0)、D(0，50)、E(20，50)、B(20，0)、A(20，38)、O(19，38)。

② 装夹方法确定：本例采用悬臂支撑装夹的方式来装夹。

③ 穿丝孔位置确定：如图 6-35 所示，O 为穿丝孔，A 为起割点。实际上，OA 段为空走刀，因此 OA 值可取 0.5～1 mm，现取 1 mm。

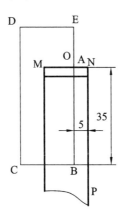

图 6-35　切割轨迹示意图

(2) 工件准备。

本例精度要求不高，装夹时用角尺放在工作台横梁边简单校正工件即可，也可以用电极丝沿着工件边沿 AB 方向移动(如图 6-36 所示)，观察电极丝与工件的缝隙大小的变化。将电极丝反复移动，根据观察结果敲击工件，使电极丝在 A 处和 B 处时与工件的缝隙大致相等。

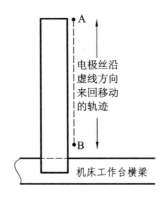

图 6-36　电极丝移动校正工件

(3) 程序编制。

① 绘图：如图 6-35 所示，按 C、B、E、D 点的坐标画出矩形 CBED。

② 编程：输入穿丝孔坐标(19, 38)，输入或者选择起割点 A。为了节约加工时间，应选择顺时针加工方向，即 OABC。

③ 按照机床说明在指导教师的帮助下生产数控程序，具体如下：

```
H000=+00000000          H001=+00000100;
H005=+00000000;T84 T86 G54 G90 G92X+19000Y+38000;
```

C001;

G42H000;

G01X+20000Y+38000;G04X0.0+H005;

G42H001;

X+20000Y+0;G04X0.0+H005;

X+0Y+0;G04X0.0+H005;

X+0Y+50000;G04X0.0+H005;

X+20000Y+50000;G04X0.0+H005;

X+20000Y+38000;G04X0.0+H005;

G40H000G01X+19000Y+38000;

M00;

C007;

G01X+20000Y+38000;G04X0.0+H005;

T85 T87 M02;

(4) 电极丝准备。

① 电极丝校正：按照电极丝的校正方向，用校正块法校正电极丝。

② 电极丝的定位：如图 6-37 所示，用手控盒或操作面板等方法将电极丝(假设电极丝的半径为 0.09 mm)移到工件边的左边 NP，在图 6-37 中的①位置执行指令 G80X-;G92X0;然后用手控盒将电极丝移到②位置执行指令：G80Y-;G92Y0，这样就建立了一个工件坐标系01(如图 6-38 所示)，对照图 6-35 穿丝孔 O 点相对于 N 点的位置，得到图 6-38 中穿丝孔 O 点的坐标为(−6.09，2.91)；最后执行指令 M05G00X-6.09Y2.91，电极丝移到穿丝孔 O 点。

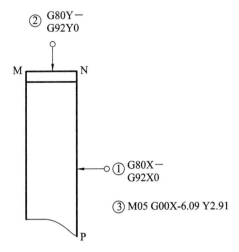

图 6-37   电极丝定位示意图

(5) 定位分析。

① 图 6-35、图 6-38 实际上有两个坐标。在图 6-35 中，坐标原点在 C 点；在图 6-38 中，坐标原点在 O1 点。通过图 6-35 读者可知：穿丝孔 O 点与工件右上角 N 点的相对位置(Δx = 6，Δy = 3)。因此在工件坐标系 O1 下，穿丝孔 O 点的坐标为(−6.09，2.91)。

② 在线切割中画图与电极丝定位时，通常用到两个坐标系。画图的坐标系是工件加工时用到的坐标系；电极丝定位的工件坐标系仅仅用于定位，使电极丝准确定位于穿丝孔。读者可以仔细理解线切割程序，在程序的开头部分有语句 **G92X__Y__**。对本实例则是 **G92X19.Y38**。这样程序首先将工件坐标系的原点设定为画图时的坐标原点，画图时的坐标系就成为工件加工时的工件坐标系。

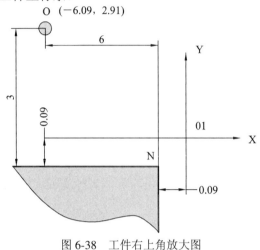

图 6-38　工件右上角放大图

➤ **加工**

启动机床加工。加工前应注意安全，加工后应注意打扫卫生并保养机床。取下工件，测量相关尺寸，并与理论值相比较。若尺寸相差较大，请分析原因。

例6.10　现有一 35×80 mm 的板料，现欲用线切割加工成图 6-39(a)所示的同心圆零件，加工排样图如图 6-39(b)所示。请说明加工过程。

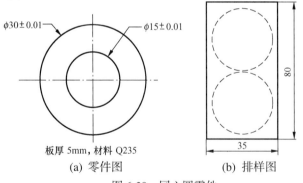

(a) 零件图　　　　　　(b) 排样图

图 6-39　同心圆零件

➤ **加工准备**

(1) 工艺分析。

① 加工轮廓位置确定。为了提高零件精度，在工件上钻穿丝孔。分析确定线切割加工轮廓同心圆在毛坯上的位置，如图 6-40 虚线所示。穿丝孔分别为 A、D，起割点分别为 B、C。为了减少空切割行程，穿丝孔中心到起割点的距离为 4 mm。

② 画图及编程。根据上面设计的加工轮廓在工件上的位置及穿丝孔的位置，画图并选

定穿丝孔和起割点。圆心坐标为(0，0)，直径分别为 15 mm、30 mm。编程时首先切割直径为 15 mm 的孔，输入穿丝孔 A 的坐标(0，3.5)，起割点 B 的坐标为(0，7.5)，切割方向可以任意选，如果顺时针加工，则为右刀补。采用半径 0.09 mm 的电极丝，通常单边放电间隙为 0.01 mm，因此补偿量为 0.1 mm。再选择加工直径为 30 mm 的圆盘，输入穿丝孔 D 的坐标(0，19)，输入起割点 C 的坐标(0，15)。

③ 装夹方法确定。本例题采用悬臂支撑装夹的方式来装夹。

(2) 工件准备。

① 按照图 6-40 穿丝孔的位置设计图在坯料上划线，确定穿丝孔 A、D 位置，然后用钻床或电火花打孔机打孔。打孔后应认真清理干净孔内的毛刺，避免加工时电极丝与毛刺接触短路从而造成加工困难。

② 本例题用快走丝线切割机床在毛坯上切割同心圆，装夹时采用悬臂支撑即可，可用角尺放在工作台横梁边简单校正工件即可，也可以用电极丝沿着工件边缘移动，观察电极丝与工件的缝隙大小的变化等方法来校正。装夹时应根据设计图 6-40 来进行装夹，不要将毛坯长为 35 mm 的边与机床 Y 轴平行(如果 35 mm 的边与机床 Y 轴平行，编程时穿丝孔及起割点的坐标 X、Y 应该互换)。

(3) 程序编制。

① 绘图编程。如图 6-41 所示，绘图编程。

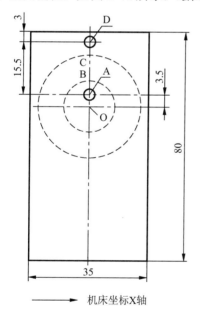

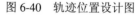

图 6-40　轨迹位置设计图

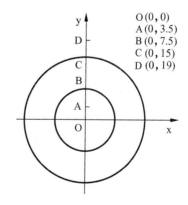

O(0,0)
A(0, 3.5)
B(0, 7.5)
C (0, 15)
D (0, 19)

图 6-41　轨迹编程坐标

② 按照机床说明生成数控程序，具体如下：

```
010    H000=+00000000          H001=+00000100;
020    H005=+00000000;T84 T86 G54 G90 G92X+0Y+3500;//定义穿丝孔的坐标，建立工件坐标系
030    C007;
040    G01X+0Y+6500;G04X0.0+H005;
050    G42H000;
```

060 C001;

070 G42H000;

080 G01X+0Y+7500;G04X0.0+H005;

090 G42H001;

100 G02X 0Y-7500I+0J-7500;G04X0.0+H005;

110 X+0Y+7500I+0J+7500;G04X0.0+H005;

120 G40H000G01X+0Y+6500;

130 M00;/①

140 C007;

150 G01X+0Y+3500;G04X0.0+H005;   //从哪里开始加工，就从哪里结束加工

160 T85 T87;

170 M00;/②

180 M05G00Y+X0;

190 M05G00Y+Y19000;   //电极丝移到下一个穿丝孔 D

200 M00;③

210 H000=+00000000   H001=+00000100;

220 H005=+00000000;T84 T86 G54 G90 G92X+0Y+19000;

230 C007;

240 G01X+0Y+16000;G04X0.0+H005;

250 G42H000;

260 C001;

270 G42H000;

280 G01X+0Y+15000;G04X0.0+H005;

290 G42H001;

300 G03X+0Y-15000I+0J-15000;G04X0.0+H005;

310 X+0Y+15000I+0J+15000;G04X0.0+H005;

320 G40H000G01X+0Y+16000;

330 M00④;

340 C007;

350 G01X+0Y+19000;G04X0.0+H005;   //从哪里开始加工，就从哪里结束加工

360 T85 T87 M02;

(4) 电极丝准备。

① 电极丝上丝、穿丝、校正。按照电极丝的校正方法，用校正块法校正电极丝。

② 电极丝的定位。松开电极丝，移动工作台，目测将工件穿丝孔 A 移到电极丝穿丝位置，穿丝，再目测将电极丝移到穿丝孔中心。(思考，此时为什么不用精确定位到孔中心？)

➤ 加工

启动机床加工。加工时，机床有四个地方暂停(见程序 M00 代码)。加工中暂停的作用如下：

M00①的含义为：暂停，直径为 15 mm 的孔里的废料可能掉下，提示拿走。

M00②的含义为：暂停，直径为 15 mm 的孔已经加工完，提示解开电极丝，准备将机床移到另一个穿丝孔。

M00③的含义为：暂停，准备在当前的穿丝孔位置穿丝。

M00④的含义为：暂停，同心圆零件可能掉下，提示拿走。

加工前应注意安全，加工后注意打扫卫生保养机床。取下工件，测量相关尺寸，并与理论值相比较。若尺寸相差较大，请分析原因。

➢ 加工问题分析

问题 1　如果按照设计图 6-41 设计，并打好穿丝孔，但在编程时将第一个穿丝孔 A 点坐标输入为圆心(0, 0)。请问会有什么样的后果，如何处理？

【分析问题 1】　当编程时的穿丝孔位置与设计时的穿丝孔位置不一致，可能产生的后果有：

(1) 按照上面问题，第一个轮廓直径 15 mm 孔的穿丝孔坐标为(0, 0)，第二轮廓直径 30 mm 圆盘穿丝孔坐标为(0，19)。根据分析，并由图 6-42 对比图可知，轮廓整体向上偏移 3.5 mm，穿丝孔 D 可能会破坏同心圆的轮廓。

(2) 当加工直径为 30 mm 的圆盘时，电极丝会移到第一个穿丝孔正上方 19 mm 处，即图 6-42(b)所示的位置，电极丝中心距离 EF 边 0.5 mm，这样电极丝可能与工件接触从而造成短路而无法切割加工。

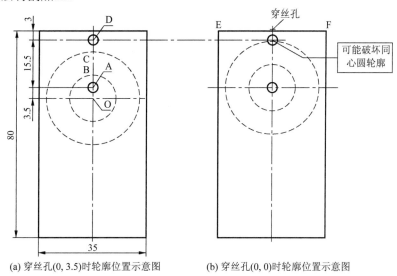

(a) 穿丝孔(0, 3.5)时轮廓位置示意图　　　(b) 穿丝孔(0, 0)时轮廓位置示意图

图 6-42　穿丝孔坐标不同轮廓实际位置对比图

【解决问题 1】

(1) 根据上面分析，以上操作可能会破坏同心圆的轮廓。因此需要在加工前仔细校对程序和设计图，及时发现问题。发现问题后重新编程，或者修改程序。

(2) 对于第二个穿丝孔与 EF 距离太小从而可能导致电极丝与工件短路的问题，可以通过修改程序解决。具体做法为：

① 将电极丝再向 Y 轴正方向移动 2 mm，保证电极丝与工件不接触，这时坐标为(0, 21)。

② 修改程序。将第二轮廓加工程序的 220 号语句中的 T84 T86 G54 G90 G92X + 0Y +

19000 改为 T84 T86 G54 G90 G92X+0Y+21000。

问题 2 如果加工轮廓 2 时在 300 号语句地方断丝，如何处理？

【分析解决问题 2】 第一轮廓已经加工好，因此不需要再加工第一个轮廓。根据分析，解决问题的方法如下：

(1) 用 MDI 方式执行指令 G00 X+0Y+19000，即将电极丝移到第二个轮廓穿丝孔位置，穿丝。

(2) 删除 200 号以前的程序，从第二个轮廓的程序开始加工。

总结：跳步加工优缺点分析。

(1) 电极丝自动移动到下一个轮廓的穿丝孔，省去第二个轮廓电极丝定位过程，电极丝定位准确，轮廓与轮廓不会错位。对于能自动穿丝、自动剪断电极的慢走丝线切割机床来说，可以长时间实现无人自动化加工，节约成本。

(2) 跳步加工编程时的穿丝孔与实际穿丝孔位置应对应，否则造成轮廓错位。断丝时由于程序较长，需要修改程序。因此要求读者应熟练掌握 ISO 代码，特别是在慢走丝线切割加工中。

6.3.4 提高切割形状精度的方法

1. 增加超切程序和回退程序

电极丝是个柔性体，加工时受放电压力、工作介质压力等的作用，会造成加工区间的电极丝向后挠曲，滞后于上、下导丝口一段距离，如图 6-43(b) 所示，这样就会形成塌角，如图 6-43(d) 所示，影响加工精度。为此可增加一段超切程序，如图 6-43(c) 中的 A→A′ 段，使电极丝最大滞后点达到程序节点 A，然后辅加 A′ 点的回退程序 A′→A，接着再执行原程序，便可割出清角。

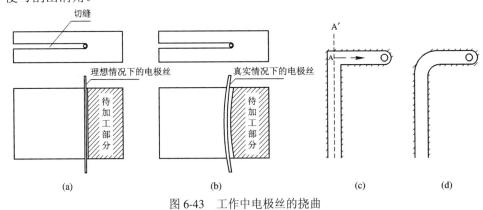

图 6-43 工作中电极丝的挠曲

除了采用附加一段超切程序外，在实际加工中还可以采用减弱加工条件、降低喷淋压力或在每段程序加工后适当暂停(即加上 G04 指令)等方法来提高拐角精度。

2. 减小线切割加工中的变形的手段

1) 采用预加工工艺

当线切割加工工件时，工件材料被大量去除，工件内部参与的应力场重新分布引发变形。去除的材料越多，工件变形越大；去除的材料越少，越有利于减少工件的变形。因此，如果在线切割加工之前，尽可能预先去除大部分的加工余量，使工件材料的内应力先释放出来，将大部分的残留变形量留在粗加工阶段，然后再进行线切割加工。如图 6-44(a)所示，对于形状简单或厚度较小的凸模，从坯料外部向凸模轮廓均匀地开放射状的预加工槽，便于应力对称均匀分散地释放，各槽底部与凸模轮廓线的距离应小而均匀，通常留 0.5～2 mm。对于形状复杂或较厚的凸模，如图 6-44(b)所示，采用线切割粗加工进行预加工，留出工件的夹持余量，并在夹持余量部位开槽以防该部位残留变形。图 6-45 为凹模的预加工，先去除大部分型孔材料，然后精切成形。

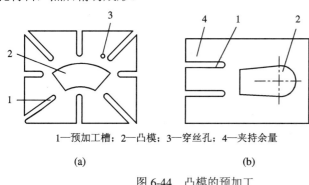

1—预加工槽；2—凸模；3—穿丝孔；4—夹持余量

(a)   (b)   1—凹模轮廓；2—预加工轮廓

图 6-44　凸模的预加工　　　　　　　图 6-45　凹模的预加工

2) 合理确定穿丝孔位置

许多模具制造者在切割凸模类外形工件时，常常直接从材料的侧面切入，在切入处产生缺口，残余应力从切口处向外释放，易使凸模变形。为避免变形，在淬火前先在模坯上打出穿丝孔，孔径为 3～10 mm，待淬火后从模坯内部对凸模进行封闭切割(如图 6-46(a)所示)。穿丝孔的位置宜选在加工图形的拐角附近(如图 6-46(a)所示)，以简化编程运算，缩短切入时的切割行程。切割凹模时，对于小型工件，如图 6-46(b)所示零件，穿丝孔宜选在工件待切割型孔的中心；对于大型工件，穿丝孔可选在靠近切割图样的边角处或已知坐标尺寸的交点上，以简化运算过程。

3) 多穿丝孔加工

采用线切割加工一些特殊形状的工件时，如果只采用一个穿丝孔加工，残留应力会沿切割方向向外释放，造成工件变形，如图 6-47(a)所示。若采用多穿丝孔加工，则可解决变形问题，如图 6-47(b)所示，在凸模上对称地开四个穿丝孔，当切割到每个孔附近时暂停加工，然后转入下一个穿丝孔开始加工，最后用手工方式将连接点分开。连接点应选择在非

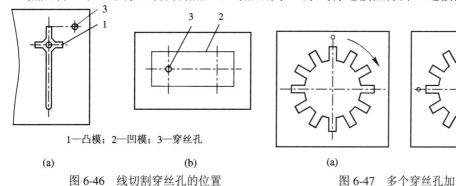

1—凸模；2—凹模；3—穿丝孔

(a)   (b)   (a)   (b)

图 6-46　线切割穿丝孔的位置　　　　图 6-47　多个穿丝孔加工

使用端，加工冲模的连接点应设置在非刃口端。

4) 恰当安排切割图形

线切割加工用的坯料在热处理时表面冷却快，内部冷却慢，形成热处理后坯料金相组织不一致，产生内应力，而且越靠近边角处，应力变化越大。所以，线切割的图形应尽量避开坯料边角处，一般让出 8～10 mm。对于凸模还应留出足够的夹持余量。

5) 正确选择切割路线

切割路线应有利于保证工件在切割过程中的刚度和避开应力变形影响，具体如图 6-27 所示。

6) 采用二次切割法

对经热处理再进行磨削加工的零件进行线切割时，最好采用二次切割法(如图 6-48 所示)。一般线切割加工的工件变形量在 0.03 mm 左右，因此第一次切割时单边留 0.12～0.2 mm 的余量。切割完成后毛坯内部应力平衡状态受到破坏后，又达到新的平衡，然后进行第二次精加工，则能加工出精密度较高的工件。

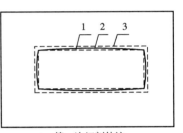

1—第一次切割轨迹；
2—变形后的轨迹；
3—第二次切割轨迹

图 6-48　二次切割法

6.3.5　线切割断丝原因分析

1．快走丝机床加工中断丝的主要原因

若在刚开始加工阶段就断丝，则可能的原因有：

(1) 加工电流过大。

(2) 钼丝抖动厉害。

(3) 工件表面有毛刺或氧化皮。

若在加工中间阶段断丝，则可能的原因有：

(1) 电参数不当，电流过大。

(2) 进给调节不当，开路短路频繁。

(3) 工作液太脏。

(4) 导电块未与钼丝接触或被拉出凹痕。

(5) 切割厚件时，脉冲过小。

(6) 丝筒转速太慢。

若在加工最后阶段出现断丝，则可能的原因有：

(1) 工件材料变形，夹断钼丝。

(2) 工件跌落，撞落钼丝。

在快走丝线切割加工中，要正确分析断丝原因，采取合理的解决办法。在实际中往往采用如下方法：

(1) 减少电极丝(钼丝)运动的换向次数，尽量消除钼丝抖动现象。根据线切割加工的特点，钼丝在高速切割运动中需要不断换向，在换向的瞬间会造成钼丝松紧不一致，即钼丝各段的张力不均，使加工过程不稳定。所以在上丝的时候，电极丝应尽可能上满储丝筒。

(2) 钼丝导轮的制造和安装精度直接影响钼丝的工作寿命。在安装和加工中应尽量减小导轮的跳动和摆动，以减小钼丝在加工中的振动，提高加工过程的稳定性。

(3) 选用适当的切削速度。在加工过程中，如切削速度(工件的进给速度)过大，被腐蚀的金属微粒不能及时排出，会使钼丝经常处于短路状态，造成加工过程的不稳定。

(4) 保持电源电压的稳定和冷却液的清洁。电源电压不稳定会使钼丝与工件两端的电压不稳定，从而造成击穿放电过程的不稳定。冷却液如不定期更换会使其中的金属微粒成分比例变大，逐渐改变冷却液的性质而失去作用，引起断丝。如果冷却液在循环流动中没有泡沫或泡沫很少、颜色发黑、有臭味，则要及时更换冷却液。

2. 慢走丝机床加工中断丝的主要原因

慢走丝机床加工中出现断丝的主要原因有：

(1) 电参数选择不当。

(2) 导电块过脏。

(3) 电极丝速度过低。

(4) 张力过大。

(5) 工件表面有氧化皮。

慢走丝加工中为了防止断丝，主要采取以下方法：

(1) 及时检查导电块的磨损情况及清洁程度。慢走丝线切割机的导电块一般加工了 60～120 h 后就必须清洗一次。如果加工过程中在导电块位置出现断丝，就必须检查导电块，把导电块卸下来用清洗液清洗掉上面黏着的脏物，磨损严重的要更换位置或更新导电块。

(2) 有效的冲水(油)条件。放电过程中产生的加工屑也是造成断丝的因素之一。加工屑若粘附在电极丝上，则会在黏附的部位产生脉冲能量集中释放，导致电极丝产生裂纹，发生断裂。因此加工过程中必须冲走这些微粒。所以在慢走丝线切割加工中,粗加工的喷水(油)压力要大，在精加工阶段的喷水(油)压力要小。

(3) 良好的工作液处理系统。慢速走丝切割机放电加工时，工作液的电阻率必须在适当的范围内。绝缘性能太低，将产生电解而形不成击穿火花放电；绝缘性能太高，则放电间隙小，排屑难，易引起断丝。因此，加工时应注意观察电阻率表的显示，当发现电阻率不能再恢复正常时，应及时更换离子交换树脂。同时还应检查与冷却液有关的条件，如检查加工液的液量，检查过滤压力表，及时更换过滤器，以保证加工液的绝缘性能、洗涤性能和冷却性能，预防断丝。

(4) 适当地调整放电参数。慢走丝线切割机的加工参数一般都根据标准选取，但当加工超高件、上下异形件及大锥度切割时常常出现断丝，这时就要调整放电参数。较高能量的放电将引起较大的裂纹，因此就要适当地加长放电脉冲的间隙时间，减小放电时间，减低脉冲能量，断丝也就会减少。

(5) 选择好的电极丝。电极丝一般都采用锌和锌量高的黄铜合金作为涂层，在条件允许的情况，尽可能使用优质的电极丝。

(6) 及时取出废料。废料落下后，若不及时取出，可能与电极丝直接导通，产生能量集中释放，引起断丝。因此在废料落下时，要在第一时间取出废料。

习　　　题

一、判断题

(　　)1. 用火花法校正电极丝时电极丝不需要运动。

(　　)2. 电极丝校正时应保证表面干净。

(　　)3. 在电极丝定位时用到的接触感知代码是 G81。

(　　)4. 在精密线切割加工时，为了提高效率，电极丝相对于工件只需要一次精确定位。

(　　)5. 在用校正器校正电极丝的垂直度时，电极丝应该运行并放电。

(　　)6. 在切割一直径为 100 mm 的圆孔时，最好将穿丝孔的位置放在圆心。

(　　)7. 多次线切割加工中电极丝的补偿量始终不变。

(　　)8. 工件表面的铁锈或氧化皮对线切割加工没有影响。

(　　)9. 若导电块过脏，则线切割加工时电极丝容易断丝。

(　　)10. 慢走丝线切割加工电极丝是一次性使用的。

二、单项选择题

1. 若线切割机床的单边放电间隙为 0.01 mm，钼丝直径为 0.18 mm，则加工圆孔时的补偿量为(　　)。

A. 0.19 mm　　　B. 0.1 mm　　　C. 0.09 mm　　　D. 0.18 mm

2. 用线切割机床加工一直径为 10 mm 的圆凸台，当采用的补偿量为 0.12 mm 时，实际测量凸台的直径为 10.02 mm。若要凸台的尺寸达到 10 mm，则采用的补偿量为(　　)。

A. 0.10 mm　　　B. 0.11 mm　　　C. 0.12 mm　　　D. 0.13 mm

3. 用线切割机床加工一直径为 10 mm 的圆凹孔，当采用的补偿量为 0.12 mm 时，实际测量孔的直径为 10.02 mm。当要圆孔的尺寸达到 10 mm，则采用的补偿量为(　　)。

A. 0.10 mm　　　B. 0.11 mm　　　C. 0.12 mm　　　D. 0.13 mm

4. 用线切割机床加工一直径为 10mm 的圆凸台，若采用的补偿量为 0.12mm 时，实际测量凸台的直径为 9.98 mm。当要凸台的尺寸达到 10 mm，则采用的补偿量为(　　)。

A. 0.10 mm　　　B. 0.11 mm　　　C. 0.12 mm　　　D. 0.13 mm

5. 用线切割机床加工一直径为 10 mm 的圆孔，当采用的补偿量为 0.12 mm 时，实际测量圆孔的直径为 9.98mm。若要圆孔的尺寸达到 10mm，则采用的补偿量为(　　)。

A. 0.10 mm　　　B. 0.11 mm　　　C. 0.12 mm　　　D. 0.13 mm

三、综合题

1. 请分别编制加工图 6-49 所示的线切割加工 3B 代码和 ISO 代码，已知线切割加工用的电极丝直径为 0.18 mm，单边放电间隙为 0.01 mm，O 点为穿丝孔，加工方向为 O—A—B—…。

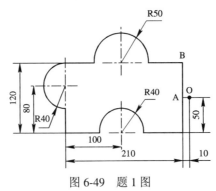

图 6-49　题 1 图

2．如图 6-50 所示的某零件图(单位为 mm)，AB、AD 为设计基准，圆孔 E 已经加工好，现用线切割加工圆孔 F。假设穿丝孔已经钻好，请说明将电极丝定位于欲加工圆孔中心 F 的方法。

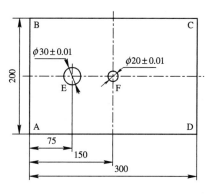

图 6-50　题 2 图

3．下面为一线切割加工程序(材料为 10 mm 厚的钢材)，请认真阅读后回答问题：

H000=+00000000　　　　　H001=+00000110;

H005=+00000000;T84 T86 G54 G90 G92X+27000Y+0;

C007;

G01X+29000Y+0;G04X0.0+H005;

G41H000;

C001;

G41H000;

G01X+30000Y+0;G04X0.0+H005;

G41H001;

X+30000Y+30000;G04X0.0+H005;

X+0Y+30000;G04X0.0+H005;

G03X+0Y-30000I+0J-30000;G04X0.0+H005;

G01X+30000Y-30000;G04X0.0+H005;

X+30000Y+0;G04X0.0+H005;

G40H000G01X+29000Y+0;

M00;

C007;

G01X+27000Y+0;G04X0.0+H005;

T85 T87 M02;

(:: The Cutting length=　217.247778 MM);

(1) 请画出加工出的零件图，并标明相应尺寸。

(2) 请在零件图上画出穿丝孔的位置，并注明加工中的补偿量。

(3) 上面程序中 M00 的含义是什么？

(4) 若该机床的加工速度为 50 mm²/min，请估算加工该零件所用的时间。

4. 如图 6-51 所示的车刀毛坯，现通过线切割加工成图 6-52 所示的切断车刀，图 6-53

所示为切割加工过程中的轨迹路线图,其中 O 点为穿丝孔,A 点为起割点。

(1) 自己假设 OA 线段的长度及 O 点到 MN 线段的距离,详细说明电极丝定位于 O 点的具体过程(注:OA 位于 MN 中心)。

OA=_____;O 点到 MN 的距离 =_____。

(2) OA 线段长通常为多少?能否取 10 mm,为什么?

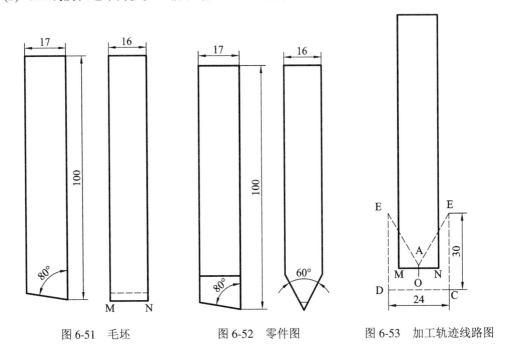

图 6-51　毛坯　　　　　　　图 6-52　零件图　　　　图 6-53　加工轨迹线路图

第七章　其他特种加工技术

7.1　电化学加工技术

电化学加工(Electrochemical Machining，ECM)包括从工件上去除金属的电解加工和向工件上沉积金属的电镀、涂覆加工两大类。

7-1

7.1.1　电化学加工的原理与特点

1. 电化学加工的原理

图 7-1 所示为电化学加工的原理。两片金属铜(Cu)板浸在导电溶液，例如氯化铜($CuCl_2$)的水溶液中，此时水(H_2O)离解为氢氧根负离子 OH^- 和氢正离子 H^+，$CuCl_2$ 离解为两个氯负离子 $2Cl^-$ 和二价铜正离子 Cu^{2+}。当两个铜片接上直流电形成导电通路时，导线和溶液中均有电流流过，在金属片(电极)和溶液的界面上就会有交换电子的反应，即电化学反应。溶液中的离子将做定向移动，Cu^{2+} 正离子移向阴极，在阴极上得到电子而进行还原反应，沉积出铜。在阳极表面 Cu 原子失掉电子而成为 Cu^{2+} 正离子进入溶液。溶液中正、负离子的定向移动称为电荷迁移。在阳、阴电极表面发生的失电子的化学反应称为电化学反应。这种利用电化学反应原理对金属进行加工(图 7-1 中阳极上为电解蚀除，阴极上为电镀沉积，常用以提炼纯铜)的方法即电化学加工。

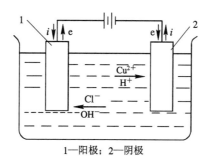

1—阳极；2—阴极

图 7-1　电解(电镀)液中的电化学反应

2. 电化学加工的分类

电化学加工有三种不同的类型。第 I 类是利用电化学反应过程中的阳极溶解来进行加工，主要有电解加工和电化学抛光等；第 II 类是利用电化学反应过程中的阴极沉积来进行加工，主要有电镀、电铸等；第 III 类是利用电化学加工与其他加工方法相结合的电化学复合加工工艺进行加工，目前主要有电解磨削、电化学阳极机械加工(其中还含有电火花放电作用)。电化学加工的类别如表 7-1 所示。本节主要介绍电解加工、电铸成型、电解磨削，其他的电化学加工请参考相关资料。

表 7-1　电化学加工分类

类别	加工方法及原理	应　用
Ⅰ	电解加工(阳极溶解)	用于形状尺寸加工
	电化学抛光(阳极溶解)	用于表面加工
Ⅱ	电镀(阴极沉积)	用于表面加工
	电铸(阴极沉积)	用于形状尺寸加工
Ⅲ	电极磨削(阳极溶解、机械磨削)	用于形状尺寸加工
	电解放电加工(阳极溶解、电火花蚀除)	用于形状尺寸加工

3.电化学加工的适用范围

电化学加工的适用范围，因电解和电镀两大类工艺的不同而不同。

电解加工可以加工复杂成型模具和零件，例如汽车、拖拉机连杆等各种型腔锻模，航空、航天发动机的扭曲叶片，汽轮机定子、转子的扭曲叶片，炮筒内管的螺旋"膛线"(来复线)，齿轮、液压件内孔的电解去毛刺及扩孔、抛光等。

电镀、电铸可以复制复杂、精细的表面。

7.1.2　电解加工

1.电解加工的原理及特点

1) 基本原理

电解加工是利用金属在电解液中的"电化学阳极溶解"来将工件成型的。如图 7-2 所示，在工件(阳极)与工具(阴极)之间接上直流电源，使工具阴极与工件阳极间保持较小的加工间隙(0.1～0.8 mm)，间隙中通过高速流动的电解液。这时，工件阳极开始溶解。开始时，两极之间的间隙大小不等，间隙小处电流密度大，阳极金属去除速度快；间隙大处电流密度小，去除速度慢。随着工件表面金属材料的不断溶解，工具阴极不断地向工件进给，溶解的电解产物不断地被电解液冲走，工件表面也就逐渐被加工成接近于工具电极的形状，如此下去直至将工具的形状复制到工件上。

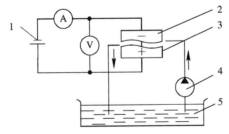

1—直流电源；2—工具电极；3—工件阳极；
4—电解液泵；5—电解液

图 7-2　电解加工原理图

2) 特点

电解加工与其他加工方法相比较，它具有下列特点：

(1) 能加工各种硬度和强度的材料。只要是金属，不管其硬度和强度多大，都可加工。

(2) 生产率高，约为电火花加工的 5～10 倍，在某些情况下，比切削加工的生产率还高，且加工生产率不直接受加工精度和表面粗糙度的限制。

(3) 表面质量好，电解加工不产生残余应力和变质层，又没有飞边、刀痕和毛刺。在正常情况下，表面粗糙度 Ra 可达 0.2～1.25 μm。

(4) 阴极工具在理论上不损耗，基本上可长期使用。

电解加工当前存在的主要问题是加工精度难以严格控制，尺寸精度一般只能达到 0.15～0.30 mm。此外，电解液对设备有腐蚀作用，电解液的处理也较困难。

2. 电解加工设备

电解加工的基本设备包括直流电源、机床及电解液系统三大部分。

1) 直流电源

电解加工常用的直流电源为硅整流电源和晶闸管整流电源，其主要特点及应用见表 7-2。

表 7-2　直流电源的特点及应用

分　　类	特　　　点	应用场合
硅整流电源	1. 可靠性、稳定性好； 2. 调节灵敏度较低； 3. 稳压精度不高	国内生产现场占一定比例
晶闸管电源	1. 灵敏度高，稳压精度高； 2. 效率高，节省金属材料； 3. 稳定性、可靠性较差	国外生产中普遍采用，也占相当比例

2) 机床

电解加工机床的任务是安装夹具、工件和阴极工具，并实现其相对运动，传送电和电解液。电解加工过程中虽没有机械切削力，但电解液对机床主轴和工作台的作用力是很大的，因此要求机床要有足够的刚性；要保证进给系统的稳定性，如果进给速度不稳定，阴极相对工件的各个截面的电解时间就不同，影响加工精度；电解加工机床经常与具有腐蚀性的工作液接触，因此机床要有好的防腐措施和安全措施。

3) 电解液系统

在电解加工过程中，电解液不仅作为导电介质传递电流，而且在电场的作用下进行化学反应，使阳极溶解能顺利而有效地进行，这一点与电火花加工的工作液的作用是不同的。同时电解液也担负着及时把加工间隙内产生的电解产物和热量带走的任务，起到更新和冷却的作用。

电解液可分为中性盐溶液、酸性盐溶液和碱性盐溶液三大类。其中中性盐溶液的腐蚀性较小，使用时较为安全，故应用最广。常用的电解液有 NaCl、$NaNO_3$、$NaClO_3$ 三种。

NaCl 电解液价廉易得，对大多数金属而言，其电流效率均很高，加工过程中损耗小并可在低浓度下使用，应用很广。其缺点是电解能力强，散腐蚀能力强，使得离阴极工具较远的工件表面也被电解，成型精度难以控制，复制精度差；对机床设备腐蚀性大，故适用于加工速度快而精度要求不高的工件加工。

$NaNO_3$ 电解液在浓度低于 30% 时，对设备、机床腐蚀性很小，使用安全。但生产效率低，需较大电源功率，故适用于成型精度要求较高的工件加工。

$NaClO_3$ 电解液的散蚀能力小，故加工精度高，对机床、设备等的腐蚀很小，广泛地应用于高精度零件的成型加工。然而，$NaClO_3$ 是一种强氧化剂，虽不自燃，但遇热分解的氧气能助燃，因此使用时要注意防火安全。

3. 电解加工应用

目前，电解加工主要应用在深孔加工、叶片(型面)加工、锻模(型腔)加工、管件内孔抛光、各种型孔的倒圆和去毛刺、整体叶轮的加工等方面。

图 7-3 是用电解加工整体叶轮，叶轮上的叶片是采用套料法逐个加工的。加工完一个叶片，退出阴极，经分度后再加工下一个叶片。

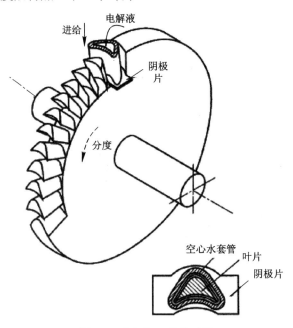

图 7-3　电解加工整体叶轮

7.1.3　电铸成型

1. 电铸成型原理及特点

1) 成型原理

与大家熟知的电镀原理相似,电铸成型是利用电化学过程中的阴极沉积现象来进行成型加工的,即在原模上通过电化学方法沉积金属,然后分离以制造或复制金属制品。但电铸与电镀又有不同之处,电镀时要求得到与基体结合牢固的金属镀层,以达到防护、装饰等目的。而电铸则要电铸层与原模分离,其厚度也远大于电镀层。

7-2

电铸原理如图 7-4 所示，在直流电源的作用下，金属盐溶液中的金属离子在阴极获得电子而沉积在阴极母模的表面。阳极的金属原子失去电子而成为正离子，源源不断地补充到电铸液中，使溶液中的金属离子浓度保持基本不变。当母模上的电铸层达到所需的厚度时取出，将电铸层与型芯分离，即可获得成型零件。

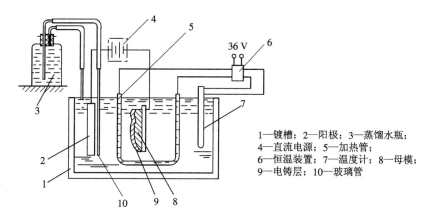

1—镀槽；2—阳极；3—蒸馏水瓶；
4—直流电源；5—加热管；
6—恒温装置；7—温度计；8—母模；
9—电铸层；10—玻璃管

图 7-4　电铸成型的原理

2) 特点

(1) 复制精度高，可以做出机械加工不能加工出的细微形状(如微细花纹、复杂形状等)，表面粗糙度 Ra 可达 0.1 μm，一般不需抛光即可使用。

(2) 母模材料不限于金属，有时还可用制品零件直接作为母模。

(3) 表面硬度可达 35～50HRC，所以电铸型腔使用寿命长。

(4) 电铸可获得高纯度的金属制品，如电铸铜，它纯度高，具有良好的导电性能。

(5) 电铸时，金属沉积速度缓慢，制造周期长。如电铸镍，一般需要一周时间。

(6) 电铸层厚度不易均匀，且厚度较薄，仅为 4～8 mm。电铸层一般都具有较大的应力，所以大型电铸件变形显著，且不易承受大的冲击载荷。这样就使电铸成型的应用受到一定的限制。

2．电铸设备

电铸设备(如图 7-4 所示)主要包括电铸槽、直流电源、搅拌和循环过滤系统、恒温控制系统等。

1) 电铸槽

电铸槽材料的选取以不与电解液作用引起腐蚀为原则。一般用钢板焊接，内衬铅板或聚氯乙烯薄板等。

2) 直流电源

电铸采用低电压大电流的直流电源。常用硅整流电源，电压为 6～12 V，并可调。

3) 搅拌和循环过滤系统

为了降低电铸液的浓差极化，加大电流密度，减少加工时间，提高生产速度，最好在阴极运动的同时加速溶液的搅拌。搅拌的方法有循环过滤法、超声波或机械搅拌等。循环过滤法不仅可以使溶液搅拌，而且在溶液不断反复流动时进行过滤。

4) 恒温控制系统

电铸时间很长，所以必须设置恒温控制设备。它包括加热设备(加热玻璃管、电炉等)和冷却设备(冷水或冷冻机等)。

3．电铸的应用

电铸具有极高的复制精度和良好的机械性能，已在航空、仪器仪表、精密机械、模具制造等方面发挥日益重要的作用。

图 7-5 为刻度盘模具型腔电铸过程。其中图(a)为电铸过程中的阴极母模简图，图(b)为母模进行引导线及包扎绝缘处理图，图(c)为电铸，图(d)为电铸产品后处理图。

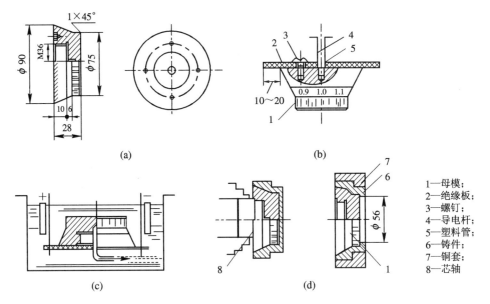

1—母模；
2—绝缘板；
3—螺钉；
4—导电杆；
5—塑料管；
6—铸件；
7—铜套；
8—芯轴

图 7-5　刻度盘模具型腔电铸过程

7.1.4　电解磨削

1．加工原理及特点

1) 加工原理

电解磨削是电解加工的一种特殊形式，是电解与机械的复合加工方法。它是靠金属的溶解(占 95%～98%)和机械磨削(占 2%～5%)的综合作用来实现加工的。

电解磨削加工原理如图 7-6 所示。加工过程中，磨轮(砂轮)不断旋转，磨轮上凸出的砂粒与工件接触，形成磨轮与工件间的电解间隙。电解液不断供给，磨轮在旋转中，将工件表面由电化学反应生成的钝化膜除去，继续进行电化学反应，如此反复不断，直到加工完毕。

电解磨削的阳极溶解机理与普通电解加工的阳极溶解机理是相同的。不同之处在于：电解磨削中，阳极钝化膜的去除是靠磨轮的机械加工去除的，电解液腐蚀力较弱；而一般电解加工中的阳极钝化膜的去除，是靠高电流密度去破坏(不断溶解)或靠活性离子(如氯离子)进行活化，再由高速流动的电解液冲刷带走的。

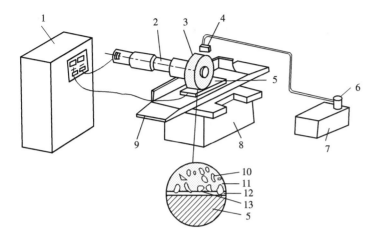

1—直流电源；2—绝缘主轴；
3—磨轮；4—电解液喷嘴；
5—工件；6—电解液泵；
7—电解液箱；8—机床本体；
9—工作台；10—磨料；
11—结合剂；12—电解间隙；
13—电解液

图 7-6　电解磨削加工原理图

2) 特点

(1) 磨削力小，生产率高。这是由于电解磨削具有电解加工和机械磨削加工的优点。

(2) 加工精度高，表面加工质量好。因为电解磨削加工中，一方面工件尺寸或形状是靠磨轮刮除钝化膜得到的，故能获得比电解加工好的加工精度；另一方面，材料的去除主要靠电解加工，加工中产生的磨削力较小，不会产生磨削毛刺、裂纹等现象，故加工工件的表面质量好。

(3) 设备投资较高。其原因是电解磨削机床需加电解液过滤装置、抽风装置、防腐处理设备等。

2．电解磨削的应用

电解磨削广泛应用于平面磨削、成形磨削和内外圆磨削。图 7-7(a)、(b)分别为立轴矩台平面磨削、卧轴矩台平面磨削的示意图。图 7-8 为电解成形磨削示意图，其磨削原理是将导电磨轮的外圆圆周按需要的形状进行预先成形，然后进行电解磨削。

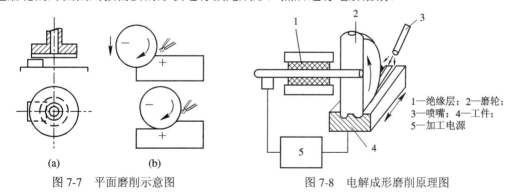

1—绝缘层；2—磨轮；
3—喷嘴；4—工件；
5—加工电源

(a)　　　(b)

图 7-7　平面磨削示意图　　　　图 7-8　电解成形磨削原理图

7.2　激光加工技术

激光加工(Laser Beam Machining，LBM)技术是 20 世纪 60 年代初发展

7-3

起来的一门新兴科学。通过激光，可以对各种硬、脆、软、韧、难熔的金属和非金属进行切割和微小孔加工。此外，激光还广泛应用于精密测量和焊接工作。

1. 激光加工的原理与特点

1) 激光加工的原理

激光是一种强度高、方向性好、单色性好的相干光。由于激光的发散角小和单色性好，理论上可以聚焦到尺寸与光的波长相近的(微米甚至亚微米)小斑点上，加上它本身强度高，故可以使其焦点处的功率密度达到 $10^7 \sim 10^{11}$ W/cm^2，温度可达 10 000℃以上。在这样的高温下，任何材料都将瞬时急剧熔化和汽化，并爆炸性地高速喷射出来，同时产生方向性很强的冲击。因此，激光加工(如图 7-9 所示)是工件在光热效应下产生高温熔融和受冲击波抛出的综合过程。

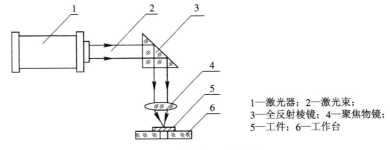

1—激光器；2—激光束；
3—全反射棱镜；4—聚焦物镜；
5—工件；6—工作台

图 7-9　激光加工示意图

2) 激光加工的特点

激光加工的特点主要有以下几个方面：

(1) 几乎对所有的金属和非金属材料都可以进行激光加工。

(2) 激光能聚焦成极小的光斑，可进行微细和精密加工，如微细窄缝和微型孔的加工。

(3) 可用反射镜将激光束送往远离激光器的隔离室或其他地点进行加工。

(4) 加工时不需用刀具，属于非接触加工，无机械加工变形。

(5) 无需加工工具和特殊环境，便于自动控制连续加工，加工效率高，加工变形和热变形小。

2. 激光加工基本设备及其组成部分

激光加工的基本设备由激光器、导光聚焦系统和加工机(激光加工系统)三部分组成。

1) 激光器

激光器是激光加工的重要设备，它的任务是把电能转变成光能，产生所需要的激光束。按工作物质的种类可分为固体激光器、气体激光器、液体激光器和半导体激光器四大类。由于 He-Ne(氦-氖)气体激光器所产生的激光不仅容易控制，而且方向性、单色性及相干性都比较好，因而在机械制造的精密测量中被广泛采用。而在激光加工中则要求输出功率与能量大，目前多采用二氧化碳气体激光器及红宝石、钕玻璃、YAG(掺钕钇铝石榴石)等固体激光器。

2) 导光聚焦系统

根据被加工工件的性能要求，光束经放大、整形、聚焦后作用于加工部位，这种从激光器输出窗口到被加工工件之间的装置称为导光聚焦系统。

3) 激光加工系统

激光加工系统主要包括床身、能够在三维坐标范围内移动的工作台及机电控制系统等。随着电子技术的发展，许多激光加工系统已采用计算机来控制工作台的移动，实现激光加工的连续工作。

3. 激光加工的应用

1) 激光打孔

随着近代工业技术的发展，硬度大、熔点高的材料应用越来越多，并且常常要求在这些材料上打出又小又深的孔，例如，钟表或仪表的宝石轴承，钻石拉丝模具，化学纤维的喷丝头以及火箭或柴油发动机中的燃料喷嘴等。这类加工任务，用常规的机械加工方法很困难，有的甚至是不可能的，而用激光打孔，则能比较好地完成任务。

在激光打孔中，要详细了解打孔的材料及打孔要求。从理论上讲，激光可以在任何材料的不同位置，打出浅至几微米，深至二十几毫米以上的小孔，但具体到某一台打孔机，它的打孔范围是有限的。所以，在打孔之前，最好要对现有的激光器的打孔范围进行充分的了解，以确定能否打孔。

激光打孔的质量主要与激光器输出功率和照射时间、焦距与发散角、焦点位置、光斑内能量分布、照射次数及工件材料等因素有关。在实际加工中应合理选择这些工艺参数。

2) 激光切割

激光切割(如图 7-10 所示)的原理与激光打孔相似，但工件与激光束要相对移动。在实际加工中，采用工作台数控技术，可以实现激光数控切割。

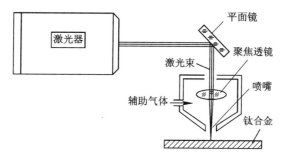

图 7-10　CO_2 气体激光器切割钛合金示意图

激光切割大多采用大功率的 CO_2 激光器，对于精细切割，也可采用 YAG 激光器。

激光可以切割金属，也可以切割非金属。在激光切割过程中，由于激光对被切割材料不产生机械冲击和压力，再加上激光切割切缝小，便于自动控制，故在实际中常用来加工玻璃、陶瓷、各种精密细小的零部件。

激光切割过程中，影响激光切割参数的主要因素有激光功率、吹气压力、材料厚度等。

3) 激光打标

激光打标是指利用高能量的激光束照射在工件表面，光能瞬时变成热能，使工件表面迅速产生蒸发，从而在工件表面刻出任意所需要的文字和图形，以作为永久防伪标志(如图7-11 所示)。

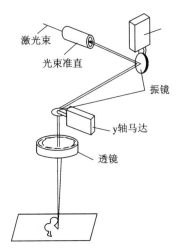

图 7-11　振镜式激光打标原理

激光打标的特点是非接触加工，可在任何异型表面标刻，工件不会变形和产生内应力，适于金属、塑料、玻璃、陶瓷、木材、皮革等各种材料；标记清晰、永久、美观，并能有效防伪；标刻速度快，运行成本低，无污染，可显著提高被标刻产品的档次。

激光打标广泛应用于电子元器件、汽(摩托)车配件、医疗器械、通信器材、计算机外围设备、钟表等产品和烟酒食品防伪等行业。

4) 激光焊接

当激光的功率密度为 $10^5 \sim 10^7$ W/cm^2，照射时间约为 1/100 s 时，可进行激光焊接。激光焊接一般无需焊料和焊剂，只需将工件的加工区域"热熔"在一起即可，如图 7-12 所示。

1—激光；2—被焊接零件；
3—被熔化金属；4—已冷却的熔池

图 7-12　激光焊接过程示意图

激光焊接速度快，热影响区小，焊接质量高，既可焊接同种材料，也可焊接异种材料，还可透过玻璃进行焊接。

5) 激光表面处理

当激光的功率密度约为 $10^3 \sim 10^5$ W/cm^2 时，便可实现对铸铁、中碳钢，甚至低碳钢等材料进行激光表面淬火。淬火层深度一般为 0.7 ~ 1.1 mm，淬火层硬度比常规淬火约高 20%。激光淬火变形小，还能解决低碳钢的表面淬火强化问题。图 7-13 为激光表面淬火处理应用实例。

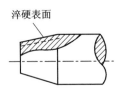

(a) 圆锥表面

(b) 铸铁凸轮轴表面

图 7-13　激光表面强化处理应用实例

7.3 超声波加工技术

7-4

人耳能感受的声波频率在 16～16 000 Hz 范围内，声波频率超过 16 000 Hz 被称为超声波。超声波加工(Ultrasonic Machining，又称超声加工)是近几十年发展起来的一种加工方法。

1．超声波加工的原理与特点

1) 加工原理

超声波加工是利用振动频率超过 16 000 Hz 的工具头，通过悬浮液磨料对工件进行成型加工的一种方法，其加工原理如图 7-14 所示。

当工具以 16 000 Hz 以上的振动频率作用于悬浮液磨料时，磨料便以极高的速度强力冲击加工表面；同时由于悬浮液磨料的搅动，使磨粒以高速度抛磨工件表面；此外，磨料液受工具端面的超声振动而产生交变的冲击波和"空化现象"。所谓空化现象，是指当工具端面以很大的加速度离开工件表面时，加工间隙内形成负压和局部真空，在磨料液内形成很多微空腔；当工具端面以很大的加速度接近工件表面时，空泡闭合，引起极强的液压冲击波，从而使脆性材料产生局部疲劳，引起显微裂纹。这些因素使工件的加工部位材料粉碎破坏，随着加工的不断进行，工具的形状就逐渐"复制"在工件上。由此可见，超声波加工是磨粒的机械撞击和抛磨作用以及超声波空化作用的综合结果，磨粒的撞击作用是主要的。因此，材料愈硬脆，愈易遭受撞击破坏，愈易进行超声波加工。

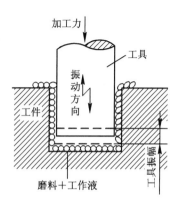

图 7-14　超声波加工原理图

2) 特点

超声波加工的主要特点如下：

(1) 适合于加工各种硬脆材料，特别是某些不导电的非金属材料，例玻璃、陶瓷、石英、硅、玛瑙、宝石、金刚石等。也可以加工淬火钢和硬质合金等材料，但效率相对较低。

(2) 由于工具材料硬度很高，故易于制造形状复杂的型孔。

(3) 加工时宏观切削力很小，不会引起变形、烧伤。表面粗糙度 Ra 值很小，可达 0.2 μm，加工精度可达 0.05～0.02 mm，而且可以加工薄壁、窄缝、低刚度的零件。

(4) 加工机床结构和工具均较简单，操作维修方便。

(5) 生产率较低。这是超声波加工的一大缺点。

2．超声波加工设备

超声波加工装置如图 7-15 所示。尽管不同功率大小、不同公司生产的超声波加工设备在结构形式上各不相同，但一般都由高频发生器、超声振动系统(声学部件)、机床本体和磨料工作液循环系统等部分组成。

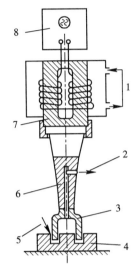

1—冷却器；2—磨料悬浮液抽出；3—工具；
4—工件；5—磨料悬浮液送出；6—变幅杆；
7—换能器；8—高频发生器

图 7-15　超声波加工装置

1) 高频发生器

高频发生器即超声波发生器，其作用是将低频交流电转变为具有一定功率输出的超声频电振荡，以供给工具往复运动和加工工件的能量。

2) 声学部件

声学部件的作用是将高频电能转换成机械振动，并以波的形式传递到工具端面。声学部件主要由换能器、振幅扩大棒及工具组成。换能器的作用是把超声频电振荡信号转换为机械振动；振幅扩大棒又称变幅杆，其作用是将振幅放大。由于换能器材料伸缩变形量很小，在共振情况下也超不过 0.005～0.01 mm，而超声波加工却需要 0.01～0.1 mm 的振幅，因此必须用上粗下细(按指数曲线设计)的变幅杆放大振幅。变幅杆应用的原理是：因为通过变幅杆的每一截面的振动能量是不变的，所以随着截面积的减小，振幅就会增大。变幅杆的常见形式如图 7-16 所示，加工中工具头与变幅杆相连，其作用是将放大后的机械振动作用于悬浮液磨料对工件进行冲击。工具材料应选用硬度和脆性不很大的韧性材料，如 45#

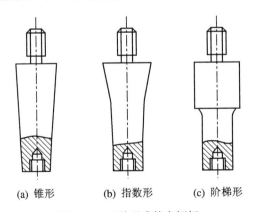

(a) 锥形　　　(b) 指数形　　　(c) 阶梯形

图 7-16　几种形式的变幅杆

钢，这样可以减少工具的相对磨损。工具的尺寸和形状取决于被加工表面，它们相差一个加工间隙值(略大于磨料直径)。

3) 机床本体和磨料工作液循环系统

超声波加工机床的本体一般很简单，包括支撑声学部件的机架、工作台面以及使工具以一定压力作用在工件上的进给机构等；磨料工作液是磨料和工作液的混合物。常用的磨料有碳化硼、碳化硅、氧化硒或氧化铝等；常用的工作液是水，有时用煤油或机油。磨料的粒度大小取决于加工精度、表面粗糙度及生产率的要求。

3. 超声波加工的应用

超声波加工的生产率虽然比电火花、电解加工等低，但其加工精度和表面粗糙度都比它们好，而且能加工半导体、非导体的脆硬材料，如玻璃、石英、宝石、锗、硅甚至金刚石等。在实际生产中，超声波广泛应用于型(腔)孔加工(如图 7-17 所示)、切割加工(如图 7-18 所示)、清洗(如图 7-19 所示)等方面。

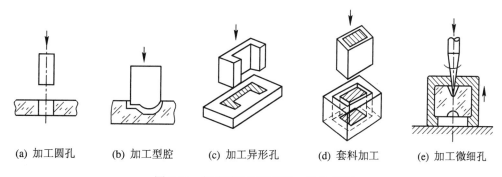

(a) 加工圆孔   (b) 加工型腔   (c) 加工异形孔   (d) 套料加工   (e) 加工微细孔

图 7-17 超声波加工的型孔、腔孔类型

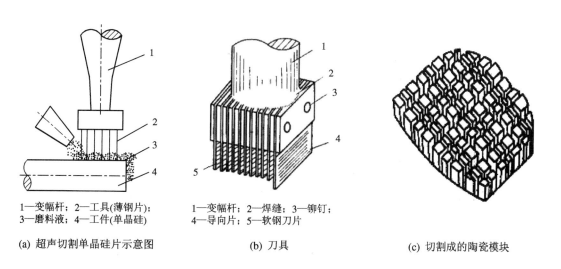

1—变幅杆；2—工具(薄钢片)；
3—磨料液；4—工件(单晶硅)

(a) 超声切割单晶硅片示意图

1—变幅杆；2—焊缝；3—铆钉；
4—导向片；5—软钢刀片

(b) 刀具

(c) 切割成的陶瓷模块

图 7-18 超声波切割加工

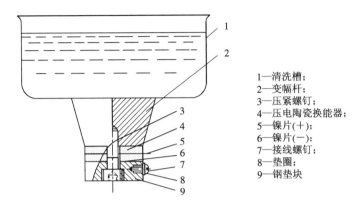

1—清洗槽;
2—变幅杆;
3—压紧螺钉;
4—压电陶瓷换能器;
5—镍片(+);
6—镍片(-);
7—接线螺钉;
8—垫圈;
9—钢垫块

图 7-19　超声波清洗装置

7.4　其他常用特种加工技术

7.4.1　电子束加工

1. 加工原理

电子束加工是利用高速电子的冲击动能来加工工件的，如图 7-20 所示。在真空条件下，将具有很高速度和能量的电子束聚焦到被加工材料上，电子的动能绝大部分转变为热能，使材料局部瞬时熔融、汽化蒸发而去除。

控制电子束能量密度的大小和能量注入时间，就可以达到不同的加工目的。如只使材料局部加热就可进行电子束热处理；使材料局部熔化就可以进行电子束焊接；提高电子束能量密度，使材料熔化和气化，就可进行打孔、切割等加工；利用较低能量密度的电子束轰击高分子材料时产生化学变化的原理，即可进行电子束光刻加工。

2. 特点与应用

电子束加工的特点如下：

(1) 电子束能够极其微细地聚焦(可达 1～0.1 μm)，故可进行微细加工。

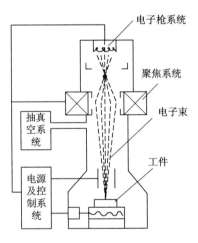

图 7-20　电子束加工原理

(2) 加工材料的范围广。由于电子束能量密度高，可使任何材料瞬时熔化、气化且机械力的作用极小，不易产生变形和应力，故能加工各种力学性能的导体、半导体和非导体材料。

(3) 加工在真空中进行，污染少，加工表面不易被氧化。

(4) 电子束加工需要整套的专用设备和真空系统，价格较贵，故在生产中受到一定程度的限制。

由于上述特点，电子束加工常应用于加工微细小孔、异形孔(如图 7-21 所示)及特殊曲面。图 7-22 所示为电子束加工弯曲的型面。其原理为：电子束在磁场中受力，在工件内部弯曲，工件同时移动，即可加工图 7-22(a)的曲面；随后改变磁场极性，即可加工图 7-22(b)的曲面；在工件实体部位内加工，即可得到图 7-22(c)的弯槽；当工件固定不动，先后改变磁场极性，二次加工，即可得到一个入口、两个出口的弯孔，见图 7-22(d)。拉制电子束速度和磁场强度，即可控制曲率半径。

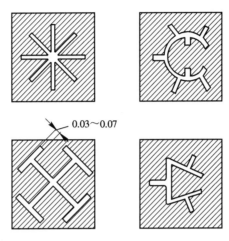

图 7-21　电子束加工的喷丝头异形孔

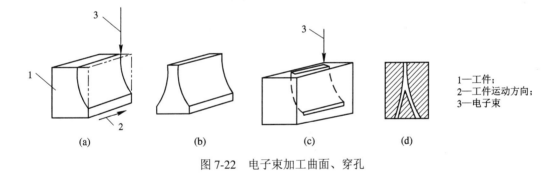

1—工件；
2—工件运动方向；
3—电子束

图 7-22　电子束加工曲面、穿孔

7.4.2　离子束加工

1. 加工原理

离子束加工也是一种新兴的特种加工，它的加工原理与电子束加工原理基本类似，也是在真空条件下，将离子源产生的离子束经过加速、聚焦后投射到工件表面的加工部位以实现加工的。所不同的是离子带正电荷，其质量比电子大数千倍乃至数万倍，故在电场中加速较慢，但一旦加至较高速度，就比电子束具有更大的撞击动能。离子束加工是靠微观机械撞击能量转化为热能进行的。

离子束加工的物理基础是离子束射到材料表面时所发生的撞击效应、溅射效应和注入效应。离子束加工可分为四类。

1）离子刻蚀

离子轰击工件，将工件表面的原子逐个剥离，又称离子铣削，其实质是一种原子尺度的切削加工。

2) 离子溅射沉积

离子轰击靶材，将靶材原子击出，沉积在靶材附近的工件上，使工件表面镀上一层薄膜。

3) 离子镀(又称离子溅射辅助沉积)

离子同时轰击靶材和工件表面，目的是增强膜材与工件基材之间的结合力。

4) 离子注入

离子束直接轰击被加工材料，由于离子能量相当大，离子就钻入被加工材料的表层。工件表面层含有注入离子后，就改变了化学成分，从而改变了工件表面层的机械物理性能。

2．特点及应用

离子束加工有如下特点：

(1) 离子束加工是目前特种加工中最精密、最微细的加工。离子刻蚀可达纳米级精度，离子镀膜可控制在亚微米级精度，离子注入的深度和浓度亦可精确地控制。

(2) 离子束加工在高真空中进行，污染少，特别适宜于对易氧化的金属、合金和半导体材料进行加工。

(3) 离子束加工是靠离子轰击材料表面的原子来实现的，是一种微观作用，所以加工应力和变形极小，适宜于对各种材料和低刚件零件进行加工。

在目前的工业生产中，离子束加工主要应用于刻蚀加工(如加工空气轴承的沟槽，加工极薄材料等)、镀膜加工(如在金属或非金属材料上镀制金属或非金属材料)、注入加工(如某些特殊的半导体器件)等。

习　　题

1. 请比较说明各种特种加工方法的加工原理。
2. 请分析比较各种特种加工方法的应用范围。

附 录 模 拟 试 卷

一、判断题。(正确打"√"、错误打"×"，每题 1 分，共 15 分)

( ) 1. 特种加工又称非传统加工，可以用低于工件金属硬度的刀具去除工件多余材料。

( ) 2. 电火花加工主要通过放电产生的热来熔化或气化去除金属。

( ) 3. 电火花加工难易程度与加工工件的金属硬度无关。

( ) 4. 在电火花加工中，工具电极接脉冲电源正极的加工称为正极性加工。

( ) 5. 紫铜由于密度小、加工性能好通常用作精加工电极。

( ) 6. 峰值电流是影响电火花加工速度的一个重要参数。

( ) 7. 电火花加工中可以使用自来水作为工作液。

( ) 8. 电火花成形加工的速度单位为 mm^2/min。

( ) 9. 镀锌丝可以作为慢走丝线切割加工的电极丝。

( ) 10. 快走丝线切割加工中若电极丝的运丝速度快，则加工精度高。

( ) 11. 在线切割加工中，穿丝孔应始终位于工件的中心。

( ) 12. 在正常情况下，若电极丝的半径为 0.09 mm，则加工中刀补值也为 0.09 mm。

( ) 13. 快走丝线切割加工过程中电极丝是一次性使用的。

( ) 14. 为了保证正常加工，线切割加工前工件应去磁除锈。

( ) 15. 激光加工可以用来切割金属材料。

二、单项选择题。(每题 2 分，共 20 分)

1. 下列加工中，不属于电火花加工特点的是( )。

A. 以柔克刚　　　　B. 精度高　　　　C. 效率高　　　　D. 可以加工盲孔

2. 电火花加工中，通常根据( )选择粗加工条件。

A. 放电面积　　　　B. 加工精度　　　　C. 表面粗糙度　　　D. 加工深度

3. 在北京阿奇电火花成形机床程序中 M00 表示( )。

A. 暂停　　　　　　B. 主轴旋转　　　　C. 程序结束　　　　D. 忽略接触感知

4. 电极感知完成后停留在距工件表面垂直上方 1 mm 处，若执行指令 G92 Z0.99，则加工完成后工件型腔可能( )。

A. 多加工 0.01 mm　　　　　　　　B. 多加工 1.01 mm

C. 少加工 0.01 mm　　　　　　　　D. 少加工 1.01 mm

5. 下列说法错误的是( )。

A. 电火花精加工中电极的绝对损耗小

B. 电火花精加工中电极的相对损耗小

C. 电火花粗加工中电极的绝对损耗大

D. 电火花粗加工中电极的相对损耗小

6. 下列加工指令中，表示快速移动的指令是(　　)。

A. G00　　　　　　B. G01　　　　　　C. G02　　　　　　D. G03

7. 下列加工指令中，表示工具电极左补偿的是(　　)。

A. G40　　　　　　B. G41　　　　　　C. G42　　　　　　D. G43

8. 线切割加工中，单边放电间隙为 0.01 mm，电极丝的直径为 0.18 mm，则电极丝的补偿量为(　　)。

A. 0.10 mm　　　　B. 0.11 mm　　　　C. 0.19 mm　　　　D. 0.20 mm

9. 在快走丝线切割加工中，电极丝的运丝速度通常为(　　)左右。

A. 1 m/s　　　　　B. 3 m/s　　　　　C. 8 m/s　　　　　D. 12 m/s

10. 线切割机加工一直径为 10 mm 的凸台，当电极丝的补偿量为 0.10 mm 时，实际测量凸台的直径为 9.98 mm。若要凸台的尺寸达到 10 mm，则电极丝的补偿量为(　　)。

A. 0.08 mm　　　　B. 0.09 mm　　　　C. 0.11 mm　　　　D. 0.12 mm

三、如附图 1 所示钢板，现通过线切割加工成附图 2 所示形状，附图 3 为切割加工过程中轨迹路线图，其中 O 点为穿丝孔，E 点为起割点，OE 与 MN 边的距离为 2 mm，线段 EO 长 2 mm。设电极丝半径为 0.09 mm。(共 20 分)

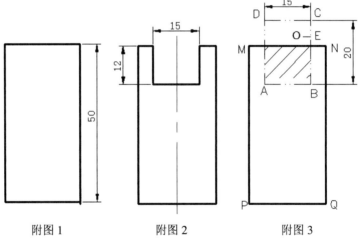

附图 1　　　　　　　　附图 2　　　　　　　　附图 3

1. 详细说明电极丝定位于 O 点的具体过程。(10 分)

2. 如果画图时切割轨迹中的 A 点的坐标为(0,0)，则穿丝孔 O 点坐标为多少？(4 分)

3. 如果画图时切割轨迹中的 C 点的坐标为(0,0)，则穿丝孔 O 点坐标为多少？(4 分)

4. 附图 3 的加工路线是顺时针加工还是逆时针加工，为什么？(2 分)

四、下面为一线切割加工程序(材料为 10 mm 厚的钢材)，请认真理解后回答问题。

```
H000=+00000000        H001=+00000110;
H005=+00000000;T84 T86 G54 G90 G92X+20000Y+3000;
C007;
G01X+20000Y+1000;G04X0.0+H005;
G41H000;
C001;
```

G41H000;

G01X+20000Y+0;G04X0.0+H005;

G41H001;

X+40000Y+0;G04X0.0+H005;

X+40000Y+3000;G04X0.0+H005;

G03X+40000Y+13000I+0J+5000;G04X0.0+H005;

G01X+40000Y+16000;G04X0.0+H005;

X+6Y+16000;G04X0.0+H005;

G03X+0Y+10000I+0J-6000;G04X0.0+H005;

G01X+0Y+0 ; G04X0.0+H005;

X+20000Y+0;G04X0.0+H005;

G40H000G01X+20000Y+1000;

M00;

C007;

G01X+20000Y+3000;G04X0.0+H005;

T85 T87 M02;

1．请画出加工出的零件图，并标明相应尺寸。(13 分)
(错一处扣 2 分，扣完为止)

2．请在零件图上画出穿丝孔的位置，并注明加工中的补偿量。(3 分)

3．程序中 M02 的含义是什么？(3 分)

五、有一孔形状及尺寸如附图 4 所示，请根据表一选择加工该孔形零件的电火花加工
条件及设计电火花加工此孔的电极的横截面尺寸。(8 分)

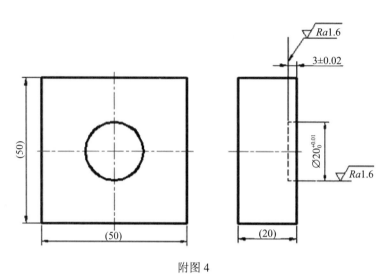

附图 4

电火花加工条件：

电极横截面尺寸：

六、现欲加工一深 5 mm 的方形孔，表面粗糙度要求 Ra=2.0 μm，要求损耗、效率兼顾，为铜打钢。设工件表面 Z=0，根据下面铜打钢标准参数表附表 1、附表 2 回答问题。(18 分)

附表 1　铜打钢——标准型参数表

条件号	面积/cm²	安全间隙/mm	放电间隙/mm	加工速度/(mm³/min)	损耗/%	侧面/Ra	底面/Ra	极性	电容	高压管数	管数	脉冲间隙	脉冲宽度	模式	损耗类型	伺服基准	伺服速度	极限值	
																		脉冲间隙	伺服基准
100		0.009	0.009			0.86	0.86	+	0	0	3	2	2	8	0	85	8	2	85
101		0.035	0.025			0.90	1.0	+	0	0	2	6	9	8	0	80	8	2	65
103		0.050	0.040			1.0	1.2	+	0	0	3	7	11	8	0	80	8	2	65
104		0.060	0.048			1.1	1.7	+	0	0	4	8	12	8	0	80	8	2	64
105		0.105				1.5	1.9	+	0	0	5	9	13	8	0	75	8	2	60
106						1.8	2.3	+	0	0	6	10	14	8	0	75	10	2	58
107		0.200	0.160	2.7		2.8	3.6	+	0	0	7	12	16	8	0	75	10	3	60
108	1	0.350	0.220	11.0	0.10	5.2	6.4	+	0	0	8	13	17	8	0	75	10	4	55
109	2			15.7	0.05	5.8	6.3	+	0	0	9	15	19	8	0	75	12	6	52
110	3	0.530	0.295	26.2	0.05	6.3	7.9	+	0	0	10	16	20	8	0	70	12	7	52
111	4	0.670	0.355	47.6	0.05	6.8	8.5	+	0	0	11	16	20	8	0	70	12	7	55
112	6	0.748	0.420	80.0	0.05	9.68	12.1	+	0	0	12	16	21	8	0	65	15	8	52
113	8	1.330	0.660	94.0	0.05	11.2	14.0	+	0	0	13	16	24	8	0	65	15	11	55

附表2　加工条件与结果对应表　　　　　　(单位：mm)

项　目	选用的加工条件					
	C110	C109	C108	C107	C106	C105
加工完该条件时电极的Z轴坐标	−4.735	−4.79	−4.825	−4.90	−4.935	−4.966
加工完该条件时孔的实际深度	−4.882	−4.91	−4.935	−4.98	−4.981	−5
备　注	设工件表面坐标Z=0					

1. 该方形孔的面积最可能是( )cm^2。(3分)

A. 1　　　　　　　B. 2　　　　　　　C. 3　　　　　　　D. 4

2. 根据附表2回答问题。(15分，每小题3分)

(1) 加工条件C109的安全间隙值为( )；(注意，安全间隙是双边值)

(2) 加工条件C109的放电间隙值为( )；(注意，放电间隙是双边值)

(3) 加工条件C106的安全间隙值为( )；

(4) 加工条件C106的放电间隙值为( )；

(5) 加工条件C105的放电间隙值为( )。

·153·

参 考 文 献

[1] 黄宏毅，李明辉. 模具制造工艺. 北京：机械工业出版社，2000.

[2] 北京市金属切削理论与实践编委会. 电火花加工. 北京：北京出版社，1980.

[3] 赵万生. 电火花加工技术. 哈尔滨：哈尔滨工业大学出版社，2000.

[4] 张学仁. 数控电火花线切割加工技术. 哈尔滨：哈尔滨工业大学出版社，2000.

[5] 罗学科，李跃中. 数控电加工机床. 哈尔滨：化学工业出版社，2003.

[6] 刘晋春，等. 特种加工. 北京：机械工业出版社，1999.

[7] 明兴祖. 数控加工技术. 北京：化学工业出版社，2003.

[8] 孙凤勤. 模具制造工艺与设备. 北京：机械工业出版社，1999.

[9] 刘雄伟. 数控机床操作与编程培训教程. 北京：机械工业出版社，2001.

[10] 《塑料模具技术手册》编委会. 塑料模具技术手册. 北京：机械工业出版社，1997.

[11] 卢存伟. 电火花加工工艺学. 北京：国防工业出版社，1988.

[12] 中国机械工程学会电加工学会. 电火花加工技术工人培训、自学教材. 修订版. 哈尔滨：哈尔滨工业大学出版社，2000.

[13] 模具实用技术丛书编委会. 模具制造工艺装备及应用. 北京：机械工业出版社，1999.

[14] 北京阿奇夏米尔工业电子有限公司. 线切割机、电火花机床说明书.

[15] 深圳福斯特数控机床有限公司. 编程——数控一体化线切割控制系统操作说明书.

[16] 沙迪克机电有限公司. 线切割机床说明书.

[17] 《电子工业生产技术手册》编委会. 电子工业生产技术手册(通用工艺卷). 北京：国防工业出版社，1989.

[18] 唐宗军. 机械制造基础. 北京：机械工业出版社，1999.

[19] 杨文峰. 低速走丝线切割加工的断丝分析与处理. 电加工与模具，2001(2).

[20] 徐国友. 线切割加工塌角的原因及对策. 电加工与模具，2000(3).

[21] 傅志泉. 线切割加工中防止电极丝断丝的方法. 工具技术，1998(3).

[22] 赵万生. 特种加工技术. 北京：高等教育出版社，2001.

[23] 高秀兰. 浅析线切割加工中存在的问题及对策. 模具工业，2002(10).

[24] 潘春荣，罗庆生. 精密线切割加工中工件余留部位切割的处理方法与技巧. 模具技术，2000(4).